E. F. Ockel

Der Mentor

Oder, Die Bildung des Verstandes, Herzens und Geschmacks. Nach Grundsätzen und Erfahrung vornehmlich zur Privaterziehung der Jugend vom Stande

E. F. Ockel

Der Mentor
Oder, Die Bildung des Verstandes, Herzens und Geschmacks. Nach Grundsätzen und Erfahrung vornehmlich zur Privaterziehung der Jugend vom Stande

ISBN/EAN: 9783743448360

Hergestellt in Europa, USA, Kanada, Australien, Japan

Cover: Foto ©berggeist007 / pixelio.de

Weitere Bücher finden Sie auf **www.hansebooks.com**

Der

Mentor

oder

die Bildung des Verstandes, Herzens und Geschmacks

nach

Grundsätzen und Erfahrung

vornehmlich

zur Privaterziehung der Jugend vom Stande

entworfen

von

E. F. O.

Riga,
bey Johann Friedrich Hartknoch, 1770.

De

Durchlauchtigsten Fürsten

und Herrn

Herrn Peter

regierendem Herzoge von Curland

und Semgallen

meinem gnädigstem Fürsten

und Herrn.

Durchlauchtigster Herzog,

Gnädigster Fürst

und Herr,

Unter den Empfindungen reinester Ehrfurcht nähere ich mich dem Throne Eurer Durchlaucht, und überreiche Höchstdenenselben diese schwachen

Versuche, Früchte einsamer Stunden, auf welche **Eure Durchlaucht** das erste Anrecht haben, und die, wenn nicht durch ihr Verdienst, sich doch durch den Werth ihrer Absicht rechtfertigen werden. Je mehr sich unter **Höchstderoselben** glücklichen Regierung die Musen Huld und Schutz versprechen, je mehr wir uns und unsrer Nachwelt von dem erhabensten Verdienste **Eurer Durchlaucht** für die Aufnahme der Wissenschaft und Tugend,

gend, diese einzigen Quellen ächter Glückseligkeit, einen August, und je zuversichtsvoller von dem Charakter der edlen Menschenfreundschaft **Eurer Durchlaucht** ein beneidenswürdiges Glück weissagen: je weniger darf ich an dem Glücke des Wohlgefallens über dieses geringe Opfer zweifeln, welches ich, als einen unvollkommenen Beweis der ungemessenen Größe meiner Ergebenheit und Hochachtung darbringe, und welches mein Herz als

ein gerechtes Denkmaal der ehrfurchts-
vollesten Verehrung stiftet, mit welcher ich als Mensch und als Fremdling bin

Eurer Durchlaucht

meines allergnädigsten Fürsten
und Herrn

unterthänigst gehorsamster
Knecht
Der Verfasser.

Vorrede.

Wenn ich nicht aus eigener Erfahrung überzeugt wüßte, wie sehr es jungen Leuten, wenn sie sich nach Vollendung ihres akademischen Lebenslaufs, (sollten sie denselben auch noch so würdig geführet haben,) der Erziehung der Jugend widmen, an Methode und besonders an Klugheit zur Bildung des Herzens, eine Kunst, welche die abstractesten Theorien aller

Wissenschaften gewiß nicht geben, fehlete, und wie die meisten hierinn jungen Aerzten gleichen, die erst nach manchen mißlungenen Versuchen glücklich in der Heilungskunst werden: so wüßte ich nicht, was mich bewogen haben sollte, dieses Werkchen, dessen Bestimmung eigentlich für Privatlehrer ist, denselben durch den Druck in die Hände zu liefern.

Ich, der ich mich schon seit ziemlich geraumer Zeit mit Erziehung der Jugend vom Stande, verschieden an Genie, Temperament, Neigung und Sitten, worunter auch in den letzteren Jahren einer der hoffnungsvollesten Prinzen eines hohen Fürstenhauses in Deutschland war, beschäfftigt; ein Prinz, bey dem mir zwar nicht zunächst das edelste Geschäffte der Bildung des Herzens anvertrauet, dessen gefühlvolles und moralischreizbares Herz mir aber doch bey meinem Unterrichte die schönsten Gelegenheiten schenkte, die keine des Samens der Religion und Tugend, der von der väterlich-sorgsamen Hand andrer in

sein

sein Herz geleget worden, durch sanfte Erschütterungen zur früheren Entwickelung, und manche Früchte zur früheren Reife zu bringen; ein Herr, der gewiß zur Größe eines der Nachahmung würdigsten Musters für Prinzen Europens heranwächst, und dessen Andenken mich noch oft stille Freuden und Entzückungen in einsamen Stunden fühlen läßt. Ich, wollte ich sagen, habe es erfahren, wie sehr es oft, auch bey den redlichsten Herzen an Klugheit fehlt, und wie weit man hingegen bey einer guten Methode kommt; wie viel man gewinnet, wenn man seinem Schüler die dornigken Wege mit Blumen zu bestreuen, wenn man ihm bey Ersteigung steiler Gebirge, indem man ihm zugleich die schönsten Früchte der Wissenschaften zu seiner Aufmunterung von ferne zeigt, freundschaftlich die Hand zu biethen weis. Ich habe es erfahren, wie leicht sich das jugendliche Herz der Tugend öffnet, und wie gern es sich der himmlischen Macht derselben überläßset, wenn man der Pflicht die sanft anziehenden Reize des Vergnügens zu geben, und es bey den

kleinen

kleinen Aufopferungen, zu welchen man es nach und nach gewöhnen muß, die geheimen Freuden derselben fühlen zu machen weis.

Nur eins ist es, was ich hier befürchte; der Vorwurf, daß schon über den Punkt der Erziehung genug geschrieben, daß dies Feld bebauet genug sey: ein Vorwurf, gegen welchen ich mich aber vollkommen beruhigt finde, wenn ich bedenke: daß das ganze Reich der Wissenschaften auf das Geschäffte der Bildung der jungen Welt zu glücklichen Erdbewohnern und zu würdigen Bürgern des Himmels, einen heilsamen Einfluß habe, daß fast alle Wahrheiten hier, wie in ihrem Mittelpunkte zusammen fließen; wenn ich bedenke, daß auf diesem weiten Felde auch noch viele Fluren unbebauet liegen, oder manche doch mit besseren Saaten bestreuet seyn könnten.

Ich will nur noch ein Wort von dem Werke selbst sagen:

Mein Plan zur Ordnung des Unterrichts hat viel ähnliches mit dem des Verfassers des neuen Emils, dessen ersten Theil ich nach Ausarbeitung meines Werkchens gelesen. Ich habe ihn erprüft befunden. Ueber meine unvollkommene Gedanken vom Genie erwarte ich mit Bescheidenheit mein Urtheil. Mein System von der Oberleidenschaft ist das des Pope in seinem Essay on Man.

Bey den Vorschlägen zur Bildung des Geschmacks sah ich mich genöthigt, einige Schritte weiter, als ich glaubte, in das innere Gebiete der Aesthetik zu thun.

Ich empfehle also dieses Werk allen Lehrern, die sich mit Privaterziehung beschäfftigen, und muntre sie zum Eifer und Unverdrossenheit, durch die Größe des Bewegungsgrundes auf, daß sie durch ächte Verdienste um die junge Welt, so geringe auch der Thor dieselbe schätzen möge, dennoch zu einem edlen Stolze berechtigt, von sich

sagen

sagen können: daß sie mit zu der geringen Zahl derer gehören, die im engsten Verstande die erhabene Rolle der Wohlthäter des menschlichen Geschlechtes spielen.

Mietau, den 1ten October 1769.

E. F. O.

Grund-

Grundriß
zur Bildung des Verstandes, Herzens und Geschmacks der Jugend.

I. Einleitung. Von den Vortheilen einer frühzeitigen Ausbildung natürlicher Talente, und zwar insbesondre

1) Des Verstandes;
2) Des Herzens;
3) Des Geschmacks.

II. Abhandlung.

Erster Hauptabschnitt. Von der Bildung des Verstandes.

Das erste Kap. Worinn das Fehlerhafte der Ordnung und des Unterrichts selbst angezeiget wird.

A. Ueberhaupt.

B. Besondre Fehler; wohin gehöret

1. Daß man bey der Uebung des Gedächtnisses den Verstand zu bilden vernachläßigt; wobey zugleich

a) einige Regeln gegeben werden, den Verstand durch angenehme und nützliche Kenntnisse zu bilden, und ihn von einer Stufe derselben auf die andre, bis zur Erkenntniß des Schöpfers zu führen.

b) Die beyden Hauptabwege, worein man in Bildung der Memorie verfällt, gezeiget.

c) Aus der Natur der Sachen selbst gezeigt wird, welche zunächst für das Gedächtniß; zunächst für den Verstand, und welche für beyde zugleich gehören.

Der

Der zweyte Fehler ist das Niederschlagende und Verdrießliche des Unterrichts in Sprachen; wobey zugleich einige Regeln gegeben werden, denselben angenehm zu machen; nämlich:

a) Der erste Unterricht in denselben muß möglichst kurz seyn.

b) Man muß baldmöglichst praktisch gehen.

c) Man muß die Jugend mit Erlernung eines Verzeichnisses von Worten und Redensarten ganz verschonen.

d) Man muß sie bey der natürlichen Trockenheit derselben durch Unterricht ergötzender Sachen erfrischen und aufmuntern.

e) Lehret man mehrere Sprachen; so muß man sie parallel treiben.

Der dritte Fehler. Man bleibt bey Durchlesung ganzer Werke bey der Schale und den Worten stehen, und den Kern derselben berührt man nicht; wobey Regeln gegeben werden, die Auctores classicos mit Nutzen und Vergnügen zu lesen, und zwar:

a) Bey historischen Schriftstellern;

b) Bey Briefen;

c) Bey Rednern;

d) Bey Poeten.

Der vierte Fehler. Man macht die Jugend entweder ganz und gar nicht, oder doch nicht früh genug mit sich selbst und der Welt bekannt.

Das zweyte Kap. Von der Methode einiger Wissenschaften insbesondre, und zwar

1. Von der Methode des Unterrichts in der Religion.

a) Besondre Fehler, und die traurigen Folgen derselben.

b) Vorschriften zu einem Plan eines Lehrbuchs, das für die Jugend vollkommen ist.

c) Noch

c) Noch einige Regeln und Muster, wie man diesen Unterricht durch Beyspiele, Gleichnisse, Geschichte und analogische Fälle und Schlüsse deutlich und sinnlich-überzeugend machen müsse.

d) Besondre Vorschriften, die Geheimnisse der Religion zu lehren.

e) Das Mangelhafte dieses Unterrichts nach Anleitung des Catechismus.

2. Von Unterricht in der Geographie.
3. In der Historie.
4. In der Mathematik.
5. In der Mythologie.
6. Vom Zeichnen, Rechnen und Schreiben.

Das dritte Kap. worinn ein ausführlicher Plan zur Ordnung des Unterrichts vorgeschlagen wird; nebst einem Anhange, die Philosophie zu treiben.

Das vierte Kap. Vom Genie.

1. Begriff und Vergleichung desselben mit der Oberleidenschaft.
2. Gründe, wodurch es bestimmt wird.
   a) Innere Beschaffenheit des Geistes.
   b) Temperament.
   c) Beschaffenheit der Nerven.
   d) Innere und äußere Organisation.
   e) Clima und Lebensart.
   f) Religion und Staatsverfassung.
3. Verschiedenheit und Eintheilung des Genie.
   a) Vom Genie des Scharfsinnes.
   b) Vom Genie des Witzes.
   c) Vom Genie der Einbildungskraft, des Redners, des Dichters rc.
4. Noch eine Erklärung des Genie; daß es die Bestimmung der verschirdenen Seelenfähigkeit, zur Erhöhung einer einzigen sey.

5. Einige daraus hergeleitete Regeln zur Klugheit für einen Lehrer.

a) Er muß frühe auf das Genie seines Eleven aufmerksam seyn.

b) So bald es sich ihm kenntbar macht, es unterstützen.

c) Da das Genie der Ruf der Natur ist; so sollte man demselben in der Wahl der Lebensart folgen.

Zweyter Hauptabschnitt. Von der Bildung des Herzens.

Das erste Kap. Von der Natur des Herzens überhaupt und vom sittlichen Zustande des Herzens der Jugend besonders.

A. Von der Natur des Herzens überhaupt.

1. Von der Vorstellungskraft der Seele und ihrem Grundtriebe, sich glückselig zu machen, oder der Eigenliebe; aus welchen beyden, als aus ihren Quellen, die Neigungen und Leidenschaften fließen.

2. Die ganze Theorie und natürliche Entstehungsart der Leidenschaften aus Liebe und Abscheu, Furcht und Hoffnung.

3. Noch einige Anmerkungen von der Natur und Moralität der Leidenschaften.

4. Von der sittlichen Ordnung und Unordnung des Herzens und die wahren Ursachen der letztern.

5. Die Oberleidenschaft.

a) Die Erklärung derselben.

b) Die Ursachen, wodurch sie näher und in ihrer Gattung bestimmt wird.

c) Die Macht und Wirkungen dieser Leidenschaft in dem Charakter eines Ehrgeizigen geschildert.

d) Ein vortreffliches Gemälde von dem Grunde, Beschaffenheit und Wirkungen dieser Leidenschaft, aus Popens Essai on Man.

e) Der

e) Der Wechsel dieser Leidenschaft mit den Jahren.
f) Noch einige Erscheinungen derselben.
1. Der Streit der Leidenschaften unter einander.
2. Der Streit der Vernunft mit denselben.

B, Von dem sittlichen Zustande des Herzens der Jugend insbesondere.

1, Das Herz der Jugend ist immer eine Vermischung von guten und bösen Neigungen, worunter die letzteren gemeiniglich das Uebergewicht haben.
2. Vernachläßigung der Bildung desselben in zarter Jugend; Unvorsichtigkeit der Aeltern. Böse Beyspiele.
3. Das Herz eines Kindes ist gar leicht auszustudiren.
4. Vorschläge zur Bildung des Herzens müssen dem sittlichen Zustande des Herzens angemessen seyn, und an die jedesmalige Lage desselben in ihrer Beobachtung angepasset werden.

Das zweyte Kap. Von Tugend und Religion.

1. Es muß ein Gegenstand seyn, der die Quelle zur Befriedigung aller unsrer Neigungen, Wünsche und Leidenschaften, und der Richtung und Zusammenstimmung derselben würdig ist.
2. Dieser Gegenstand muß, weil der weise Schöpfer unsrer Eigenliebe zugleich einen wesentlichen und unüberwindlichen Trieb zur Unsterblichkeit zugesellet, und folglich zu derselben erschaffen, den Maaßstab der Ewigkeit aushalten.
3. Reichthum, Ueberfluß, Wollust, Macht, Ansehen und Nachruhm halten diesen Probierstein nicht aus.
4. Die Tugend nach Vernunft und Religion ist es allein, die uns zu dem Gute aller Güter und zum Besitz des Kleinodes von unendlicher Dauer leitet.
5. Sie muß daher der Brennpunkt aller unsrer Wünsche und Neigungen seyn.

Das dritte Kapitel. Von der Methode oder denen daraus hergeleiteten Mitteln, das Herz zur Tugend zu bilden.

A. Ein Grundsatz, auf welchem die ganze Bildung des Herzens beruhet, ist: die Erkenntniß gehet durch Empfindung zur Handlung über.

B. Nach demselben kommt also die Bildung des Herzens auf folgende Stücke an:

I. Daß der Verstand von seinen Pflichten und zwar in allen Verhältnissen und von der Natur der wahren Tugend und Religion gehörig unterrichtet wird.

a) Unterricht in früher Jugend. Hier ist es genug, daß man

1. die Vorurtheile und Irrthümer, auf welchen ihre Neigung zum Bösen mehr, als auf Vorsatz und und Bosheit beruhet, entwurzele, Gewohnheit und die Macht der Beyspiele entkräfte ꝛc.

2. Daß man sie Gott von der Seite, da er liebens- und hochachtungswürdig ist, kennen lehre. Muster einiger Gespräche, dieses zu thun ꝛc.

3. Daß man ihnen auch bald eine gerechte Empfindung von wahrer Ehre beybringe ꝛc.

4. Wenn man sie nach und nach gewöhnet, ihre Pflicht der Befriedigung einer Begierde, Vortheil, Lust und Vergnügen vorzuziehen.

b) Unterricht in späteren Jahren:

1. Hier muß er sich in allen seinen moralischen Verhältnissen, und die Pflichten, die aus jeder derselben entspringen, kennen lernen.

2. Mittel zu einem solchen Unterricht.

a) Die Fabel.

b) Moralische Erzehlungen.

c) Das Theater.

d) Die Satyre.

e) No

e) Romanen.
f) Moralische Briefe.
g) Moralische Systeme.
aa) Gewöhnliche Fehler derselben.
bb) Einige Vorschriften zu einer vollkommenen Moral für die Jugend.

II. Wie soll man diese Erkentniß auf den Grad der Empfindung setzen, daß sie lebendig, wirksam und fruchtbar in Tugenden werde.

1) Wenn man die Tugend für menschliche Kräfte, als möglich;
2) Wenn man sie von ihrer interessantesten Seite vorstellt.
3) Wenn man durch Ausstellung reizender Charaktere ein sympathetisches Gefühl für die Tugend erregt, und die Nachahmungsbegierde anfeuert.
4) Wenn der Führer selbst lebendiges Beyspiel ist.
5) Hierzu gesellet sich noch die Kraft der göttlichen Religion.

III. Wie soll man sich gegen die Oberleidenschaft verhalten? Wie soll man sie zur Tugend mit einleiten?

1) Von den Temperamenten.
a. Das sanguinische.
aa. Natürliche Beschaffenheit.
bb. Moralische Seite.
cc. Aeußerliche Kennzeichen.
b. Das colerische.
aa. Natürliche Beschaffenheit.
bb. Moralische Seite.
cc. Aeußere Kennzeichen.
c. Das melancholische Temperament.
aa. Natürliche Beschaffenheit.
bb. Moralische Seite.
cc. Aeußere Kennzeichen.

d. Das phlegmatische Temperament.
   aa. Natürliche Beschaffenheit.
   bb. Moralische Seite.
   cc. Aeußere Kennzeichen.

2) Die Oberleidenschaft.
   a. Sie ist gegründet
      aa. im Temperament;
      bb. in der ganzen Organisation des Körpers;
      cc. in dem jedesmaligen Ideensystem der Einbildungskraft.
   b. Daher kann man sie nicht zerstören und ausrotten, oder auch die eine durch die andre ganz aufheben.
   c. Dieses wäre auch der Absicht des Schöpfers entgegen; indem sie der Ruf unsrer Natur und der Antriebsgrund zu der besondern Bestimmung ist.
   d. Daher kann man sie nicht anders, wie andre Neigungen zur Tugend richten, nämlich:
      1) Daß man sie, wenn sie von ihrem wahren Ziele abgeirret ist, wieder auf dasselbe richte, und von ihren Ausschweifungen zurückziehe.
      2) Daß man sie in das Interesse des Herzens mit einzuflechten suche; alsdenn wird
      3) im Grunde dieser Leidenschaft die Tugend aufschossen.
   e. Noch einige äußerliche Mittel gegen den Hang zur Schwermuth und zur Wollust.

Das vierte Kapitel. Von der Disciplin.

1) Erklärung derselben.
2) Traurige Folgen einer Zucht ohne Klugheit.
3) Die Hauptsache derselben besteht in Strafen und Belohnen.
4) Daher kommt es auf die Entscheidung folgender Fragen an:

a. Wenn muß man strafen?
b. Wie muß man strafen?
c. Wenn muß man belohnen?
d. Wie muß man belohnen?

Das fünfte Kapitel. Von der Politik oder Klugheit zu leben.

I. Begriff.
II. Hauptgründe derselben.
1) Die Kenntniß des Herzens und der herrschenden Maximen menschlicher Handlungen.
2) Ein vernünftiges Mißtrauen, woraus
3) ein kluges Stillschweigen folget.
III. Nothwendigkeit, und
IV. Eintheilung. Sie äußert sich
a. gegen Höhere;
b. gegen seines Gleichen;
c. gegen Niedrigere.

Das sechste Kapitel. Charakter eines würdigen Hofmeisters, nach dreyen Seiten geschildert.

1. Wie er an sich;
2) Wie er sich in seiner Aufführung gegen andre;
3) Wie er in seiner Bestimmung seyn muß.

Dritter Hauptabschnitt. Von der Bildung des Geschmacks.

Das erste Kapitel. Vom Geschmacke selbst.

1) Erklärung.
2) Daraus hergeleitete Grundsätze.
a. Das Sinnliche der Erkenntniß ist es also, welches Vollkommenheit zur Schönheit, Unvollkommenheit zur Häßlichkeit macht.

b. Mit der Auflösung des Sinnlichen in das Vernünftige, des Undeutlichen ins Deutliche verschwindet also die Schönheit.

c. Je sinnlicher man also eine Sache erkennet, desto schöner oder häßlicher ist sie.

d. Das Gebiet des Geschmacks ist also von weitem Umfange.

e. Wie man also ein Werk des Geschmacks nach dem Begriff der Vollkommenheit und Schönheit beurtheilen müsse; welches mit dem Beyspiele einer schönen Landgegend erläutert wird.

f. Der Geschmack ist also ein Resultat des scharfsinnigen Witzes, und also auch

g. des Genie, und beruhet mit demselben auf einerley Gründen.

3) Die verschiedenen Vollkommenheiten, deren der Geschmack fähig ist.

a. Die Richtigkeit.

b. Die Feinheit.

c. Die Ausdehnung.

d. Die Stärke des Geschmacks.

Das zweyte Kapitel. Mittel zur Bildung des Geschmacks.

Erster Abschnitt. Von theoretischen Mitteln.

A. Vorbereitungsmittel, durch gewisse Kenntnisse und allgemeine Begriffe von Ordnung, Einheit ꝛc. durch Aufmerksamkeit auf die Natur, und besonders durch genaue Bekanntschaft mit der menschlichen Seele und des Triebwerks ihrer Affekten ꝛc.

B. Regeln zur Bildung desselben selbst:

AA. All-

AA. Allgemeine, oder aus dem Begriff der Werke des Geschmacks hergeleitete Regeln, und zwar

1) solche, die aus ihrem Wesen folgen.

Sie sind ihrem Wesen nach theils Natur, theils Erdichtung.

a. Theils Natur oder Abbildung der Natur. Folglich sind hier so vielerley Regeln, wie Arten von Gegenständen der Natur. Es giebt aber:

aa. Körperliche;

bb. Historische;

cc. Idealische Gegenstände. Hieraus folgen nun diese Eigenschaften der Werke des Geschmacks.

1. Die Naivetät ist die erste.

2. Das Leben oder die Lebhaftigkeit, welche aus derselben folget.

3. Aus Natur und Leben entsteht die angenehme Täuschung, das größte Kunststück der Werke des Geschmacks.

Und hieraus fließen nun folgende Regeln für einen Lehrer:

a) Er muß seinen Jüngling mit der Natur selbst bekannt machen;

b) sie zur sorgfältigen Beobachtung der Harmonie der Werke des Geschmacks mit der Natur, und

c) zur sorgfältigen Bemerkung entgegengesetzter Fehler anführen.

2) Solche, die aus ihrer Größe und Würde folgen, nach welchen sie in drey Klassen getheilet sind. Und hieraus entsteht eine dreyfache schöne Denkungsart:

a. Die erhabene oder heroische.

b. Die mittlere.

c. Die niedere; denn jeder Gegenstand muß seiner natürlichen Größe gemäß gedacht werden. Daher muß ein Lehrer

1) seinem Schüler alle Gegenstände, die der Horizon des Geschmacks beschließt, ihrer Größe und Range nach kennen, und also

2) den Gegenstand aus dem rechten Gesichtspunkte und aus sich selbst kennen.

3) Die Abwege zu beyden Seiten bey jeder Denkungsart sorgfältig bemerken lehren, und ihn

4) durch fleißiges mit Reflexion verbundenes Lesen zur schönen Großmuth gewöhnen.

b. Die Werke des Geschmacks sind theils Erdichtung: und zwar theils ganz Erdichtung, theils ein Gewebe von Natur und Erdichtung.

1) Die Erdichtung ist ein Geschöpf einer von Vernunft geleiteten Phantasey: folglich muß sie der Natur nicht nur nicht widersprechen; sondern die Haupteigenschaften derselben haben; Naivetät 2c.

2) Ein Lehrer hat folgende Stücke dabey zu bemerken:

a. Die Erfindung oder Schöpfung der Materie.

b. Die Ausbildung des Chaos.

c. Die

c. Die Erweiterung und Ausschmückung.

d. Das Anpassende derselben an alle Umstände und Verhältnisse.

e. Auf die Würde und Größe der Materie der Erdichtung.

BB. Besondre Regeln sind solche, die sich aus dem Wesen und Unterscheidungsstücken jedes Werks des Geschmacks besonders herleiten lassen.

Zweyter Abschnitt. Von praktischen Mitteln zur Bildung des Geschmacks.

1) Kurzer Begriff der praktischen Bildung. Sie geschiehet nach Mustern, die man unter seinen Bemerkungen lieset oder aufstellet, um dadurch Einsicht und wahres Gefühl von Schönheit und Häßlichkeit zu bekommen.

2) Nähere Abhandlung vom Gefühl des Schönen und Häßlichen, wie weit es natürlich ist, und was die Kunst dabey thun kann.

3) Die Hauptregeln, sich nach Mustern zu bilden.

a. Man muß die allgemeine Theorie der Werke des Geschmacks auf die erwählten Muster anwenden, um sie zu beurtheilen.

b. Man muß sich von der Gattung, worunter jedes Werk gehört, einen Begriff machen, und Grundsätze zur Beurtheilung desselben daraus herleiten; wobey zur Erläuterung:

aa. Eine Theorie des epischen Gedichtes, und

bb. der Ode gegeben wird.

c. Man

c. Man muß den guten Mustern immer schlechte Stücke parallel setzen, um beyde zu vergleichen, nach dem Grundsatz: Opposita iuxta se posita magis elucescunt!

d. Man muß hier eine solche Ordnung beobachten, daß man von der unteren Klasse der schönen Denkungsart in den Mustern zur höheren fortgehet.

Einleitung.

Ein Geschöpf von so großen Anlagen und Fähigkeiten, wie der Mensch, ein Geschöpf, mit so vielen Kräften, die eine so hohe Stufe der Vollkommenheit zu erreichen fähig sind, geschmückt; ein Wesen, groß genug, Ansprüche auf die Ewigkeit zu machen und mit seinen Talenten bis ins Unendliche hin zu wuchern, verdienet gewiß schon um seiner selbst willen und durch den Werth seiner Bestimmung, die allersorgfältigste Erziehung und Ausbildung.

Noch mehr! wenn man die Mannichfaltigkeit seiner Verbindungen, wenn man ihn als Mitglied der großen Gesellschaft der Menschen, als Bürger, als Vater, als Sohn, als Gatte, als Freund; wenn man ihn auf noch höhern Stufen, darauf ihn die Vorsehung leiten kann, betrachtet, wenn von ihm, als Staatsmann, die Wohlfahrt ganzer Völker, als Monarch das Glück seiner Welt, oder als Lehrer die Glückseligkeit unsterblicher Seelen abhängt:

abhängt: wenn man dabey bedenkt, daß das menschliche Herz in seiner Zartheit allen Eindrücken offen stehe, daß es sich in alle Formen gießen lasse, daß die ersten und frühesten Grundsätze, die man ihm einpräget, die festesten Bestimmungsregeln seiner Handlungen werden, und daß dieses erste Gepräge des Herzens unauslöschlich sey: so kann man wohl keinen Augenblick zweifeln, daß die Bearbeitung menschlicher Fähigkeiten und des Herzens die wichtigste Sache von der Welt, und je frühzeitiger, je glücklicher und fruchtbarer sey.

Ein verdienstvoller Premontval *) hat schon gezeigt, wie weit man es durch eine frühzeitige Bildung natürlicher Talente bringen und wahre Emile bilden könne, und überhebt mich also der Mühe, dieses zu beweisen.

Es ist ja natürlich; je früher die Fähigkeiten der Seele bearbeitet und ihre Kräfte geübt werden; desto eher entwickeln sie sich, desto eher erreichen sie einen gewissen Grad der Stärke. Es gehet ihnen, wie den Bäumen, die, je eher und sorgfältiger sie gepflegt werden, desto frühzeitiger Früchte tragen. Eben so natürlich ist es, daß, je eher dem Herzen die edlen Grundsätze der Religion, Tugend und Gottesfurcht lebhaft und tief eingepräget und desto eher dasselbe von dem vortrefflichen, erhabenen und göttlichen überzeugt wird; desto eher gewinnet es einen Geschmack an derselben, desto früher gewöhnet es sich, aus diesem Gesichtspunkte zu denken, sich zu entschließen und zu handeln.

Was

*) In einer Rede, die er in der öffentlichen Versammlung der Akademie der Wissenschaften zu Berlin abgelesen.

Was hätte ich nöthig, da einen Beweis zu führen, wo die Erfahrung so laut redet, daß sie alle Stimmen übertönet, vornehmlich die Erfahrung derjenigen, die sich mit Erziehung der Jugend beschäfftigen.

Diese empfinden es, wie traurig, des Zeitverlustes nicht einmal zu gedenken, ihre Bemühungen sind, wenn das Herz der Jugend schon verwildert ist, wenn es schon einen Hang zur Untugend und der Eigensinn das Uebergewicht gewonnen. Sie empfinden es, wie viel Schwierigkeiten man zu besiegen hat, und wie weit mehr Mühe, Arbeit und Verdruß es koste, die sparsamen und schon halb verloschenen Funken der Tugend und Gottesfurcht in ihm anzufachen, als noch reine und unschuldsvolle Triebe in Flammen zu setzen. Sie empfinden es zu merklich, was für ein Unterschied es sey, ein durch Jahre und böse Beyspiele schon erhärtetes oder ein Herz zu bilden, das noch im Gleichgewicht und noch, daß ich so rede, zwischen Tugend und Laster neutral ist.

Das Herz ist alsdenn einer Pflanze gleich, welche in ihrer Zartheit vernachläßigt, ihre Gestalt und natürliche Schönheit verlohren, und nachher kaum durch die sorgfältigste Bemühung ihre erste Gestalt wiederum gewinnen kann.

Und wie nöthig ist es daher, den Saamen der Untugend zu unterdrücken, ehe er noch aufkeimen kann. So, wie es hier im Reiche der Natur gehet: so gehet es auch im Reiche der Sitten. Soll ein Gewächs zu seiner natürlichen Schönheit und Vollkommenheit reifen: so muß es, wenn es noch jede Biegung annimmt, von einer väterlich-sorgsamen Hand gepflegt werden, ehe noch

seine

seine Hartnäckigkeit die Bemühungen derselben fruchtlos machen, sein Widerstand sie vereitlen kann. Soll das Unkraut nicht tiefe Wurzel schlagen, sich ausbreiten und edlern Pflanzen die Nahrungssäfte entziehen: so muß man es bey Zeiten ausjäten.

Eben so gehet es auch mit dem menschlichen Herzen, einem Felde, das jeden Saamen aufkeimen läßt.

O wie glücklich ist demnach der Jüngling, der in die Hände eines so getreuen Lehrers geräth, der gleich einem göttlichen Mentor auf jeden seiner Schritte und Handlungen aufmerksam, die verborgenen Triebfedern derselben ausspähet, die Kräfte der bösen nach und nach schwächet und sie endlich ganz lähmet, die guten aber in ihrem Inneren zu stärken sucht.

Wie glücklich, sage ich, ist er, wenn ihm der Himmel einen Führer schenkt, der jeden unächten Keim auf dem Felde seines Herzens bemerkt, ihm seine Nahrung benimmt und ihm den göttlichen Saamen der Religion und Tugend frühzeitig einpflanzt, den Saamen, aus welchem nur allein die Pflanze der wahren Glückseligkeit hervorgrünet!

Eben das, was ich von der Bildung des Verstandes und Herzens gesagt habe, lässet sich fast mit noch mehrerem Rechte von dem, was man Geschmack nennet, behaupten. Man nehme einen jungen Menschen, der von Kindheit an in Gesellschaften, die ein pöbelhafter Witz, unlauterer Geschmack, grober Scherz und Sitten beherrschten, aufgewachsen. Wie weit ist er von dem Gefühle der ächten Schönheit entfernt, wie unempfindlich bey den feinesten Reizen, wie stumpf zu dem sonst noch so mächtigen und hinreißendem Gefühle des Erhabenen; ja! wie kalt werden ihn die bezauberndsten Scenen lassen, wenn er nicht von Jugend auf zu der zarten Empfindlichkeit, die die Wurzel des Geschmacks ist, gewöhnet worden. Ein drolligter Einfall und ein plumper Scherz eines Laquayen oder Sänftenträgers wird seinen Beyfall und Verwundrung reizen, und ein naiver, feiner und unerwarteter Einfall eines schönen Geistes wird ihn ungerührt lassen. Das einförmige und geschmacklose Stück eines Bierfiedlers wird ihn fast entzücken, und die Meisterstücke des Virtuosen können sich für ihn keiner Reizungen rühmen. Der Gukuk und Zeisig werden seinen Ohren eben so reizend singen, als die begeisterte Nachtigall. Harlequinaden und Possenspiele werden geheimes Vergnügen in seine Seele gießen und der rührendesten Auftritte des Trauerspiels und die schönsten Thaten des Helden werden sie ungerührt und leer lassen.

So stumpf kann das natürliche Gefühl vom Schönen und Großen werden, wenn es nicht bey Zeiten gereizt wird. So sehr kann Geschmack und Witz verwildern, wenn er nicht früh gepfleget wird. Und wie schwer muß es nicht bey einer solchen Verwilderung halten, einen Menschen zu einem wahren Gefühl des Schönen und Häßlichen, geschweige denn des Feinen und Erhabenen zu bringen.

Wie wichtig und nothwendig erscheinet mir aber die frühzeitige Bildung des Geschmacks, wenn ich besonders den großen Einfluß desselben auf die sittliche Gedenk- und Handlungsart, auf Herz und Tugend betrachte, wenn ich bedenke, daß ein zartes Gefühl vom Schönen und Erhabenen sich in unsre Handlungen mische, und daß die Feinheit des Geschmacks auch Herz und Sitten verfeinere; wenn ich bedenke, daß hiedurch Religion und Geschmack an einander gränzen, und daß die Gefühle der erstern durch die Gefühle des letztern erhöhet, und beynahe möchte ich sagen, geformt werden.

Ich versuche es demnach, einige Vorschläge zur frühzeitigen Entwickelung und Bildung des Verstandes, Herzens und Geschmacks zu thun, und da die Bestimmung dieses Werkchens für Lehrer ist, bey denen man die Gründe der Wissenschaften, besonders der Kenntniß der wesentlichen Einrichtung des Menschen, der Anlagen, Fähigkeiten und Kräfte seines Geistes und seiner Bestimmung voraussetzt: so werde ich mich hier in keine weite Theorie derselben einlassen dürfen, sondern die Begriffe und daraus folgenden Grundsätze theils voraussetzen, theils im Vorbeygehen anführen.

Der erste Haupt-Abschnitt.

Von der Bildung des Verstandes.

Da der Verstand, der wesentlichen Einrichtung unsrer Seele nach, der Führer des Willens, und seine Erkenntniß gleichsam das Gewicht ist, wodurch die Triebfedern des Herzens, die Leidenschaften gespannt, das ganze Begehr- und Verabscheuungs-Vermögen in Bewegung gesetzt und bestimmet werden: so ist es natürlich-nothwendig, daß man von der Bildung desselben den Anfang mache.

Eine Wahrheit, die niemand leugnen wird.

Die Grundkraft des Verstandes besteht im Vermögen zu denken, oder sich eine Sache deutlich vorzustellen. Hieraus fließt die Regel aller Regeln zur Bildung desselben. Man gewöhne die Jugend so früh, als möglich, zum Denken.

Ich könnte mich hier ungemein weit ausdehnen. Ich könnte, um diesen Endzweck zu erreichen, eine Vernunftlehre der Jugend entwerfen, und die Felder derselben durchlaufen. Ich könnte lehren, daß man sie bey Zeiten zur Aufmerksamkeit auf alle vorkommende Gegenstände der Natur, ihrer Veränderungen, der verschiedenen Gestalten, die sie annimmt, der Kunst und vernünftigen Gespräche gewöhnen, daß man, um ihre Vorstellungen von der Dunkelheit zur Klarheit zu erheben,

die

die Merkmaale der Sache in Gedanken abzusondern und ihre Begriffe näher zu entwickeln, unterrichten; das Unterscheidende der Sache ihnen zeigen und das Wesen, die Eigenschaften, die zufälligen Beschaffenheiten und Verhältnisse kennen lehren, oder mit einem Worte zur Reflexion über dieselbe anleiten solle. Ich könnte Regeln geben, wie man die überdachten Gegenstände zusammen halten, ihre Aehnlichkeiten und Unähnlichkeiten entdecken, oder sie mit einander vergleichen solle; um sie dadurch in den Stand zu setzen, die Sachen unter ihre Geschlechter und Gattungen und die gesammleten Begriffe in Ordnung zu bringen, wie man sie besonders anführen solle, den Zusammenhang der Dinge, vornehmlich ihrer natürlichen Verbindung durch Gründe und Folgen zu überdenken, damit sie dadurch von einer Stufe der Klarheit und Deutlichkeit auf die andre steigen und vernünftig und gründlich urtheilen lernen.

Ich könnte endlich lehren, daß man ihnen auf eine faßliche Art, die Kunst, aus Begriffen Grundsätze herzuleiten, durch Verbindung der Grundsätze untrüglich zu schließen, den Verstand dadurch von einer Wahrheit auf die andre leiten, und so ihre Erkenntniß erweitern, daß man sie zuerst über körperliche, sichtbare und zusammengesetzte Gegenstände denken, ordentlich denken lehren solle, damit sie auf einem diesem ähnlichen Wege, in Wissenschaften, die blos für den Verstand gehören, zur deutlichen, richtigen und gründlichen Erkenntniß gelangen können. Ich könnte hier endlich die Meßkunst, eine Wissenschaft, die sich blos mit körperlichen ausgedehnten Größen beschäfftiget, anpreisen.

Mit

Mit einem Worte: Ich könnte sagen, daß man sie von erster Jugend auf, auf eine, dem jedesmaligen Grade ihrer Fähigkeiten angemessene Art über alles philosophiren lehren solle.

Allein, dies ist ein Plan, den sich jeder vernünftiger Lehrer selbst entwerfen kann, und gewiß entwerfen wird, wenn er ihn bey den Umständen seines Unterrichts möglich findet.

Ich will daher mehr in das Einzelne hinein gehen, und um gemeinnütziger zu werden, Vorschläge thun, deren Ausführung gewiß allgemein möglich ist.

Ich will das Fehlerhafte der gewöhnlichen Ordnung und Art des Unterrichts zeigen, nachher von einigen Wissenschaften und Sprachen besonders reden, und alsdenn einen Plan einer bessern und natürlichen Ordnung entwerfen, und endlich noch aus einem bestimmten Begriff vom Genie und seinen Gattungen einige Maximen der Klugheit und Fürsichtigkeit für einen Lehrer daraus herleiten.

Das erste Kapitel.

Die Fehler der Ordnung und Art des Unterrichts selbst.

Der Anfang des Unterrichs nach dem eingerissenen Schlendrian ist gewiß so traurig und kläglich, daß er der Jugend einen frühen Ueberdruß und Ekel erwecket, der nachher durch nichts überwunden werden kann. Man fängt denselben mit Bebauung oder vielmehr mit Ueberhäufung des Gedächtnisses an, und versäumt unterdessen den Verstand und die Beurtheilungskraft ganz. Man martert ihr Gedächtniß mit Wörtern und Sachen, bey denen sie gar nichts zu denken haben, und von denen ihnen nichts, als der leere Schall übrig bleibt. Man gehet zu den Gründen der Sprache fort. Man lehret sie Decliniren und Conjugiren. Man lernet sie den Unterschied und die Geschlechter der Wörter kennen. Man bringt ihnen die Regeln der Zusammenordnung bey. Man bestätigt sie mit Beyspielen, deren Grund sie doch nie ganz einsehen. Nach mühsamer Erlernung alles dessen, und wenn sie nun ein recht getreues Echo ihres Lehrers geworden sind, gehet man mit ihnen praktisch.

Hier analysirt man nach der gewöhnlichen Terminologie bis zum Ekel, und verschwendet damit wenigstens zwey bis drey Jahre. Sie begehen einen Fehler: anstatt, daß man sie mit Sanftmuth zurechte weisen und ihnen die Regeln, die sie beleidigt, vorhalten sollte; so werden sie durch die tyrannische Miene ihres Orbilius, der sie bey einem Donatschnitzer so menschenfeindlich anfährt, als hätten sie ein Staatsverbrechen begangen, noch mehr in Verwirrung gesetzt.

Während dem thut man weiter nichts, als daß man sie etwa, wie man es unverdient nennet, in der Religion unterrichtet. Man lässet sie den Catechismus auswendig lernen, und, o Unglück! wenn sie nur ein Wort verfehlen. Man schreitet zur Erklärung desselben fort, ohne sie durch den geringsten Begriff von Gott, von seinem Worte, von der Religion überhaupt, ihrer Geschichte,

von

von dem Nutzen derselben und dem Unterschiede der Communionen vorbereitet zu haben. Sie sprechen die Wahrheiten ihres Lehrers treu nach, sind aber weiter nichts, als ein Raisonanzboden desselben. Man ist damit zufrieden, ihnen die Hauptmaterialien der Religion, ohne Ordnung, Zusammenhang, Deutlichkeit und Ueberzeugung beygebracht zu haben, und o! wie bedaurungswürdig sind sie, wenn sie nicht noch nachher in die Hände eines vernünftig-treuen Lehrers gerathen, der dies Chaos ausbauet.

Man gehet weiter. Man lieset mit ihnen die Schriftsteller der alten Römer. Hier lässet man sie blos an den Worten kleben. Man betrachtet die Worte etymologisch, bemerkt die vornehmsten Constructionen, die Ausnahmen von allgemeinen Regeln, die Zierlichkeiten; man sucht die Redensarten und Blumen auf. Alles recht gut zu seinem Endzweck! Aber, sollte man ihnen nicht auch, nachdem sie die Schale durchbrochen, den Kern zeigen, und ihnen dadurch den Unterricht angenehm und nützlich zu machen suchen? Sollte man sie nicht zugleich mit dem, was der Sprache wesentlich eigen ist, mit dem Genie derselben, nicht weniger mit dem Geiste des Autors bekannt machen. Man lieset Geschichtbücher, ohne sich um die Geschichte selbst zu bekümmern, und ohne ihnen die Grundzüge und Eigenschaften eines Geschichtschreibers kennen zu lernen. Man lieset die Reden eines Cicero und die Meisterwerke eines Virgils und Horaz, ohne ihnen den unterscheidenden Charakter eines Redners und Dichters und ihrer Werke kenntbar zu machen. Neben diesen beschäfftigt man sich mit der Erdbeschreibung und Geschichte. Jene ist gem einiglich eine trockene und magere Topographie. Man lehret ihnen weiter nichts, als die Gränzen, Eintheilung, Meere, Flüße, Seen und Oerter kennen. Mit einem Wort: Sie wird so getrieben, daß die Nutzbarkeit und das Interessante derselben ganz verabsäumt wird.

Wie niederschlagend ist diese verkehrte Methode für die Jugend! Wie leicht verrosten bey derselben die besten Talente!

Ist es zu bewundern daß die Jugend die Schule als einen Kerker betrachten, wo man auf nichts als ihre Marter bedacht ist, und die Lehrer, als ihre täglichen Peiniger ansehen?

Ich tadle vornehmlich an dieser Methode, daß man sich in den erstern Jahren nur auf die Bebauung des Gedächtnisses einschränkt, da man doch dem Verstande auch etwas zu thun geben sollte. Ich tadle die Art des Unterrichts in Sprachen und das Niederschlagende derselben, da man ihnen doch denselben, so viel als möglich, angenehm und aufmunternd machen sollte, und zwar dadurch, daß man sie durch vergnügenden Unterricht in Geographie und Historie, auch in sofern sie es fähig sind, in der Naturlehre unterhielte, und vorerst nur Sprachen spielend, als ein Nebenwerk triebe. Ich tadle, daß man ihnen den Werth, die Ordnung, Einrichtung und Vollkommenheit der Bücher, die sie lesen, nicht kennen lehret. Ich tadle endlich, daß man sie fast gar nicht, oder doch nicht frühzeitig genug mit sich selbst und der Welt bekannt macht.

Ich tadle also erstlich, daß man bey Uebung des Gedächtnisses den Verstand vergißt.

Es

Es gehört freylich ein besondres Talent der Natur und eine Art von Verleugnung dazu, dem Kinde ein Kind zu werden und sich bis zu seinen Begriffen herab zu lassen. Es gehöret eine seltene Klugheit und ein unermüdeter Fleiß dazu, seine Wissensbegierde zu entzünden und sie in einem gewissen regen Feuer zu unterhalten, jede Gelegenheit zu nützen, um ihnen Begriffe und Kenntnisse beyzubringen: allein die Erfahrung lehret, daß dieses nicht über die Fähigkeiten eines Kindes, das eine Anlage zu einem nur mittelmäßigen Kopfe hat, erhaben sey.

Man führe ein Kind frühzeitig in die Schule der Natur; bald in das Stein- bald in das Pflanzen- bald in das Thierreich. Man entdecke ihm vornehmlich das Wunderbare in demselben. Man lehre es die Natur, Zeugung und Veränderungen der Pflanzen und Steine, die Triebe und den Bau der Thiere, auch die Stufenfolge und Rangordnung derselben kennen. Man erkläre ihm die vornehmsten Erscheinungen der Natur, deren Begriffe seine Fähigkeiten nicht übersteigen.

Eine aufkeimende Pflanze, ein Baum in seiner Blüte, das Blumenreich in seinem Flor unter der reizendesten und prächtigsten Schattirung der Farben, das Schmelzwerk beblumter Wiesen, die kluge Oekonomie der Bienen, die Republik der Ameisen, die Metamorphose der Raupe, die mannichfaltige wunderbare identische Generation des Polypen durch die Zertheilung, ein segelnder Schwan mit seinem Steuerruder, die wunderbare Erhaltung einiger Thiere bey dem Mangel der Nahrung im Winter, eines Murmelthieres, einer Schildkröte, der Schwalben, des Taxes, des Bären . . ferner die Natur und Kunsttriebe der Thiere, die Mittel zu ihrer Erhaltung und Vertheidigung, mit welchen sie die Natur gleich in ihrer ganzen Vollkommenheit läßt gebehren werden, ihr Unterschied in diesem Punkte von dem Menschen, welcher sich durch den Gebrauch seiner schöpferischen Vernunft erst nach und nach in den Stand der Vollkommenheit setzen muß, und wie er dadurch allen andern Kräften die Waage halte; nicht weniger die Phänomena der Natur, Wolken, Regen, Schnee, Hagel, Nebel, Bliß, Donner und ein gestirnter Himmel; lauter Gegenstände, würdig, ihre Aufmerksamkeit zu reizen und zu unterhalten, geschickt, ihre Wißbegierde anzuflammen, wenn sie ihnen auf eine simple und analogische Art erklärt und mit angenehmen Bemerkungen begleitet werden. Und hat man dieses erhalten, so hat man viel gewonnen.

Man steige auf dieser Leiter bis zu der Stufe, worauf der Mensch steht. Man studiere sich selbst, den Ursprung seines Körpers, die Regelmäßigkeit seines Baues, vornehmlich das Wunderbare in der Einrichtung seiner Sinne, und so viel als möglich ist, das Wesen und die Natur der Seele aus den Wirkungen, Handlungen und Erscheinungen derselben. Was die Natur nicht selbst darstellt, das zeige man ihnen in Gemälden. Ein orbis pictus ist wohl aus dieser guten Absicht verfertiget; er bedürfte aber einer sehr großen Verbesserung. Jedoch, wir sehen einem Werke entgegen, welches mit diesem Unternehmen zwar einige Aehnlichkeit hat, aber sich unendlich durch seine Schätzbarkeit und die Ausdehnung seines Nutzens über jedes Alter der Jugend erhebt. Es ist das Elementarbuch des Herrn Basedow, von dem der erste Theil schon erschienen, nachdem er vorher den

Plan

Plan desselben geliefert. Ist nun der Verstand eines Jünglings allmählig mit solchen Kenntnissen ausgeschmückt; so hat man nur noch wenige Stufen bis zum Schöpfer hinauf zu steigen; so hat man nur noch wenige Schritte, ihn durch die Pracht, Schönheit, Herrlichkeit und Ordnung der Natur von der Größe ihres Urhebers, von der Allmacht, Weisheit und Güte Gottes zu überzeugen, und ihm hiedurch die reinste Hochachtung, Ehrfurcht und Liebe zu ihm einzuflößen, die nachher, wenn sie durch den Glauben der göttlichen Religion geheiliget werden, die Quellen der ächten Tugend und Gottseligkeit werden.

Alles dasjenige, was sie hiebey auswendig lernen, suche man ihnen vorher zu erklären, damit nicht ihre Zunge maschienenmäßig plaudern lerne, sondern sie die richtigen Begriffe damit verbinden und Gedächtniß und Verstand sich gegenseitige Erleichterung verschaffe. Es ist schwer, Sachen ohne Begriffe auswendig zu lernen; es ist unmöglich, sich der Treue des Gedächtnisses zu sichern und sie der Vergessenheit zu entreissen.

Man erkläre aber zuvor ein Stück der Heilsordnung, einen Abschnitt der Geschichte, eine Regel der Grammatik, wie leicht wird es alsdenn dem Gedächtniß seyn, sie zu fassen, und sich zu rechter Zeit wieder lebhaft daran zu erinnern.

Man verfällt gemeiniglich bey Bildung der Memorie auf zwey Abwege. Der eine beschwert und überhäufet sie, der andre vernachläßiget sie gar zu sehr. Die Bestimmung des Gedächtnisses ist, dem Verstande und der Beurtheilungskraft Stoff und Materialien zu liefern, die sie nachher nützen, in Ordnung bringen und daraus ein zusammenhängendes Gebäude aufführen sollen.

Wenn man dieses natürliche Verhältniß beyder Kräfte und die Natur der zu erlernenden Sachen bedächte: so würde man seinen Unterricht so einrichten, daß beyde sich wechselsweise zu Hülfe kämen. Und was für eine Erleichterung würde dieses für die Jugend seyn!

Einige Sachen gehören ihrer Natur nach unmittelbar für das Gedächtniß und mittelbar für den Verstand; andre sind unmittelbare Gegenstände des Verstandes und mittelbare des Gedächtnisses.

Niemals muß man also das Gedächtniß mit Sachen vorzüglich beschäfftigen, die ihrer ersten Bestimmung nach für den Verstand, und niemals den Verstand vorzüglich mit Dingen beschäfftigen, die zunächst für das Gedächtniß gehören. Geographie, Historie und das Materielle der Sprachen gehören zunächst für die Einbildungskraft und Gedächtniß, in so fern letztere aber regelmässig getrieben werden, beschäfftigen sie einigermaßen auch den Verstand.

Diese gesammleten Kenntnisse braucht nun der Verstand nach seinen Absichten, er begleitet sie mit Ueberlegungen und bauet sie auf einen festen Grund. Wissenschaften und Religion sind zunächst für den Verstand geschaffen. Diese Erkenntnisse müssen vornehmlich anschauend seyn und dem Gedächtnisse muß nur von symbolischer Erkenntniß so viel anvertrauet werden, daß der Verstand etwas hat, woran er sich hält, das ihn an seine ehemals damit verbundenen Gedanken und Begriffe erinnert,

innert, und ihm oft gleichsam zum Leitfaden seiner Betrachtungen und Ueberlegungen dienet.

Wie schwer ist es, sich von der symbolischen Erkenntniß zu der anschauenden zu erheben, wenn man sich von Jugend auf gar zu sehr daran gewöhnet hat. Wie leicht klebet man an den Worten, und wie hinderlich ist sie also dem gründlichen Denken! Wie früh sollte man sich daher bemühen, dem Kinde Worte und Gedanken, Sachen und Zeichen von einander unterscheiden zu lehren. Bey Gegenständen der Sinne beschäfftigen sich Sinne, Gedächtniß und Verstand welchselsweise. Das Ohr höret, das Auge siehet, der Geschmack empfindet eine Sache; Einbildungskraft und Gedächtniß erhalten die Vorstellung derselben, und der Verstand bemühet sich die Ursachen zu entdecken, er überleget die Art der Zusammensetzung und Einrichtung, und in so fern er Witz heißt, vergleicht er u. s. w. Ich glaube, diese wenigen Anmerkungen werden hinreichend seyn, den Unterschied zu bestimmen, mit welchem Gedächtniß und Verstand gebauet werden müssen.

Ich tadle zweytens die Art des Unterrichts in den Sprachen und das Niederschlagenede desselben. Sprachen gehören zwar nicht zunächst zur Bildung des Verstandes; aber sie sind doch unentbehrliche Mittel zu derselben. Die natürliche Trockenheit derselben erwecket der Jugend einen frühen Abscheu, der die marternde Methode des Unterrichts unüberwindlich macht.

Wie sehr sollte also ein kluger Lehrer darauf bedacht seyn, seinen Unterricht angenehm, und so viel als möglich, aufmunternd zu machen!

Wie

Wie sehr sollte er sich bemühen, seinen Schüler bey Durchwanderung dieses steinigten und unfruchtbaren Feldes stärkende Erfrischungen zu reichen und ihm die reizendsten Aussichten des Nutzens und Vergnügens der Sprachen oft von ferne zu zeigen, damit sein Muth und Fleiß nicht erkalte. Wie kann aber dies geschehen? Wie kann man dieses steinigte und dürre Feld angenehmer und fruchtbar machen? Ich will es versuchen, einige Vorschläge zu thun.

1) Der erste Unterricht in den Anfangsgründen der Sprache muß, so viel als möglich, kurz seyn; weil die Jugend durch einen zu weitläuftigen grammatikalischen Unterricht, dessen Zusammenhang sie nicht zu übersehen im Stande ist, nur in Verwirrung gesetzt und niedergeschlagen wird. Man übergehe also anfangs alles, was nur einigermaßen entbehrlich ist. Man begnüge sich mit allgemeinen Regeln, und dann, was sich darauf gründet; um dasjenige aber, was davon abgehet, bekümmere man sich noch nicht, zum Exempel, um unregelmäßige und impersonelle Zeitwörter, oder Ausnahmen von den Geschlechtsregeln, oder defecte Wörter, oder um Regeln, die besondern Constructionen und überhaupt Idiotismen betreffen.

2) Man gehe, so bald sie nur einigermaßen gegründet sind, praktisch. Man lasse sie etwas exponiren, um das Erlernte durch die Ausübung zu befestigen, um die Kraft der Regeln durch Beyspiele und vorkommende Fälle einzusehen, und durch nachherige eigene Ausübung unvergeßlich zu machen. Hiebey ergänze man nun alles, was ihrer grammatikalischen Kenntniß noch fehlet, nach

und

und nach; man bemerke die Ausnahmen, alles Unregelmäßige, das Unterscheidende der Redensarten, das Besondere der Constructionen: so werden sie unvermerkt und auf eine leichte Art zur Vollkommenheit in den Gründen der Sprache gelangen.

3) Man verschone die Jugend ganz mit Erlernung der Wörter und Redensarten nach einem Verzeichnisse derselben in der Grammatik, und ohne Zusammenhang in der Rede; sondern lasse sie dieselben durch Lesung und Uebersetzung und bey lebendigen Sprachen durch tägliche Uebung nach und nach erlernen; damit sie durch die Verbindung, in welcher sie sie finden, die rechte Bedeutung einsehen, und sich zum geschickten Gebrauche derselben gewöhnen.

Ob man bey der Explication construiren solle oder nicht, und ob construiren die Sprache destruiren heiße, wie ein gewisser Verfasser in einer Schrift von den Gründen der Gesellschaft und Erziehung, die in dem zweyten Bande der allgemeinen deutschen Bibliothek mit Beyfall recensiret worden, behauptet, will ich hier nicht untersuchen. Doch kann ich nicht unangemerkt lassen, daß es mir im Anfange nothwendig zu seyn scheinet, theils, um durch eine solche Auseinandersetzung der Worte den Sinn und Verstand derselben sich deutlich zu machen, theils, um das Eigenthümliche der Constructionen einer Sprache einzusehen: daß man aber, wenn man diesen Endzweck erreicht, und nun dieses Hülfsmittels nicht mehr nöthig hat, ohne Construction lesen müsse, um sich an den, einer Sprache eigenen und ihr natürlicher Positum der Worte, als wodurch eben die Schönheit, der Wohlklang und die Harmonie einzelner Perioden entstehet, zu gewöhnen und um von dem Geiste derselben beselet zu werden.

Wie quälend und niederschlagend ist es für die Jugend, sie ganze Columnen von Wörtern erlernen zu lassen, die sie doch nachher selten im gegebenen Falle recht zu gebrauchen wissen, oder die wohl gar in die Vergessenheit versinken.

4) Man suche sie bey der natürlichen Trockenheit der Sprachen durch Unterricht angenehmer und ergötzender Sachen zu erfrischen und aufzumuntern. Dieses könnte geschehen durch Geographie, Historie und Naturlehre, und das Lesen einiger nützlichen Bücher; so, daß man die Sprachen anfangs wie ein Nebenwerk triebe.

Basedow hat in seinem methodischen Unterricht in der Religion ein Lesebuch versprochen, welches nebst einer Kindermoral auch eine Kinderphysik und die ersten Anfangsgründe der Universalhistorie enthalten soll. Peter Miller hat sich schon längstens durch die Herausgabe seiner historisch-moralischen Schilderungen, eines zu dieser Absicht recht brauchbaren Buches, um die Jugend verdient gemacht.

5) Erlernet man mehrere Sprachen zugleich; so suche man die Gründe derselben auf eine kurze Zeit und geschickte Art zu verbinden, um die Uebereinstimmung und den Unterschied derselben zu entdecken, welches am besten geschehen kann, wenn man sie schriftlich parallel neben einander übersetzt. Vielleicht liefere ich unten einen solchen Abriß der bequemen Verbindung der lateinischen und französischen Sprache. Ich tadle

3) daß, wenn man mit ihnen zu Durchlesung ganzer Werke fortgehet, man sie nicht mit der Natur, Ordnung

nung, Einrichtung, Verhältniß der Theile zum Ganzen und dem Zusammenhange derselben bekannt macht, daß man bey der Schale stehen bleibt und den Kern ganz unberührt lässet. Lieset man mit ihnen einen Cornelius, einen Cäsar, Curtius, Plinius und Sallustius: so sollte man sie zugleich mit den Eigenschaften eines Geschichtschreibers überhaupt und insbesondere bekannt machen, mit der Geschichte selbst auf eine ergötzende Art unterhalten und sie dieselbe zuerst in deutscher, nachher in lateinischer Sprache erzählen lassen, und ihnen endlich das Charakteristische eines Autors und seiner Schreibart kennen lernen.

Lieset man die Briefe eines Cicero, so sollte man ihnen zugleich die Sprache und den ächten Geschmack der Briefe ablernen; man sollte hiemit eine kurze Anweisung zum Briefschreiben und das Lesen französischer und deutscher Briefe, die würdige Muster der Nachahmung sind, eines Gellert, eines Stockhausen verbinden, sie oft über gleiche Themata schreiben lassen, ihre Briefe mit den Mustern zusammenhalten, das Fehlerhafte zeigen u. s. w. so würde man ihnen unvermerkt einen guten Geschmack und eine richtige Empfindung der Schönheit eines Briefes beybringen.

Lieset man die schönen Reden eines Cicero, so sollte man sie nicht allein bey schönen Worten, Redensarten und Figuren aufhalten; man sollte ihnen nicht allein sagen: Hier ist eine Metonymie, eine Anapher, eine Metapher, Allegorie, eine Sermocination, Prosopopöie; man sollte ihnen zugleich die Absicht des Redners, das ganze System seiner Rede, das Verhältniß der Glieder und einzelnen Theile derselben unter einander und zu dem Ganzen, die besondern Kunstgriffe des Redners, außerdem das Große, das Erhabene, das Rührende und die Energie des Ausdrucks, besonders die Verbreitung des Lichts und Schattens über die einzelnen Züge der Gemälde nach den Regeln der Natur und der Klugheit zu der Hauptabsicht des Redners zeigen. Man sollte endlich nach Durchlesung vieler Reden alle einzelne Züge aufsammlen, um daraus das vollkommene Portrait eines Redners aufzustellen. Hieben sollte man ihnen nun eine regelmäßige Anweisung zur Beredsamkeit geben und sie mit den auserlesensten und glänzendesten Stücken erläutern und ins Licht stellen. Auf ähnliche Art sollte man sich beym Lesen der Dichter, eines Virgils, eines Horaz ꝛc. verhalten. Man sollte hier nicht bey den Worten und der Prosodie allein stehen bleiben, sondern ihnen den ganzen Charakter eines Dichters auszeichnen; man sollte ihn mit dem prosaischen Schriftsteller in abstechenden Contrast stellen; ihnen die Hauptfiction eines Gedichts, die Verzierungen und Episoden und das ganze Colorit, in welchem er gemalet und den Dichter in seiner Stärke und Begeisterung darstellen. Hiemit sollte man zu mehrerer Deutlichkeit das Lesen deutscher und französischer Dichter verbinden, um zu sehen, wo sie sich den Originalstücken nähern, oder sich von ihnen entfernen; wo sie die Natur und Einfalt verlassen, und zu viel Kunst und Schmuck suchen, wo sie, statt sanft zu überzeugen, stürmisch dahinreissen, wo sie auf dem Pfade der Wahrheit bleiben, oder sich in Labyrinthe ihrer eignen Phantasie verlieren.

Die Alten behalten noch immer für den Neuen den entschiedenen Vorzug, besonders in der majestätischen Einfalt zu reden, und Herr Seiler sagt mit Recht in seiner Vorrede zur Uebersetzung Demosthenes, in einem klagenden Tone, der seinen patriotischen Eifer verräth: Seitdem man sich von diesen Quellen der Kunst, von den Griechen, die zunächst an die Natur gränzen, entfernt hat; so sind hochtrabende Worte statt hoher Gedanken, wildes Feuer, statt Affecten, künstlich gewundene Perioden statt des natürlichen Ganges der Sprache, und die Beredsamkeit ist nicht mehr die reine Jungfrau mit natürlicher Schönheit, im erhabenen priesterlichen Schmucke, sondern eine geschmückte, wollüstige Comödiantinn.

Würde man so die Meisterwerke der Alten lesen, wie viel Vortheil würde man daraus ziehen, wie frühzeitig würde sich Anlage und Genie zur Beredsamkeit und Dichtkunst bilden, und der zarteste Keim des Geschmacks eines Jünglings zur Reife kommen.

Ich tadle endlich, daß man die Jugend fast gar nicht oder doch nicht frühzeitig genug mit sich selbst und der Welt bekannt macht, da doch ohne die erstere, die Erkenntniß seiner selbst, besonders seiner unsterblichen Seele, ihrer natürlichen Einrichtung und der Mannichfaltigkeit ihrer Anlagen und Kräfte keine Ausbildung und vernünftiger Gebrauch derselben möglich, und die letztere, die Kenntniß der Welt, der geheimen Triebfedern und Maximen ihrer sittlichen Handlungsart die Grundlage der ganzen Klugheit zu leben ist. Jedoch! hievon bey Bildung des Herzens ein mehreres.

Das zweyte Kapitel.

Von der Methode einiger Wissenschaften insbesondre.

Ich gehe weiter, und sage nun von einigen Wissenschaften und nothwendigen Kenntnissen und ihrer Metho-

Methode etwas besonders, von Religion, Geographie, Historie, Mathematik und Mythologie.

Der Unterricht in der Religion ist bey den meisten zum Höchsten fehlerhaft, und man suchet ein vollkommenes, den Fähigkeiten der Jugend und unsern Zeiten angemessenes Lehrbuch des Glaubens und der Sitten vergebens. Ein für dieselbe patriotischgesinnter Basedow hat es gewagt, das Fehlerhafte dieses Unterrichts ungeheuchelt und mit einer edlen Freymüthigkeit zu zeigen, einen methodischen Unterricht in der natürlichen und biblischen Religion geliefert, und sich dadurch ein nicht geringes Verdienst und Beyfall derer erworben, die ihn mit Vernunft, Billigkeit und nach seinen Absichten zu beurtheilen wissen. Sein Tadel ist meistens gegründet. Seine Verbesserungen hin und wieder glücklich; nur einige Abweichungen von der Spur des Wahren muß man ihm verzeihen. Er hat dann doch für viele das Eis gebrochen. Er tadelt vornehmlich, daß die Jugend nicht aufmerksam genug auf die Werke der Natur, auf die Absichten und das viele Gute derselben gemacht werde, daß man sie die Wahrheit solcher Sätze heilig halten lehret, womit sie noch keine Gedanken verbinden, welches oft nachher die Ursach entweder des Unglaubens, oder des Aberglaubens wird, daß sie entweder, weil sie dieselben zu heilig halten, sie nicht prüfen, und blind glauben, oder nach der Prüfung keinen Grund der Wahrheit finden, und diese heilig gehaltene Sätze verwerfen.

Er tadelt, daß man den Unterricht der Religion von Geheimnissen anfängt, da man doch von der Erkenntniß der Natur zur natürlichen Religion, und von dieser zur Offenbarung fortschreiten, und zuletzt auf die Geheimnisse kom-

kommen sollte, daß man die ganze Moral in zehen Gebote zusammen zwingt, die doch ihrer Form und Umfange nach ein vorzüglich für die Juden bestimmtes Gesetz waren.

Er tadelt endlich, daß der Beweis von der Wahrheit des Christenthums und der Göttlichkeit der heiligen Schrift ganz versäumet wird. Ja, Basedow hat Recht, wenn er an einem andern Orte mit einem Baumelle behauptet: daß man die Kinder erst zu Menschen und nachher zu Christen bilden solle. Er hat Recht, wenn er sagt: daß man die Beweise von der Wahrheit und Göttlichkeit der Religion fast ganz versäumet, und daß die Worte des Lehrers alles dieses als unumstößliche Wahrheiten autorisiren müssen. Er hat Recht, wenn er sagt: daß man den Unterricht in der Religion von Geheimnissen anfängt, ohne sie vorher durch die Kenntniß der Natur zu Gott und zur natürlichen Religion, und von dieser zur geoffenbarten geleitet und vorbereitet zu haben. Man überdenke einmal das natürliche Verhältniß der natürlichen Religion zur geoffenbarten. Die letztere ist auf die Grundsätze der ersteren gebauet, und von denselben so durchflochten, daß man sie unmöglich zur deutlichen und gründlichen Einsicht derselben entbehren kann. Die ewigen Grundsätze: Es ist ein Gott, ohne dessen Rathschlüsse und Zulassen nichts geschiehet. Unser Geist ist zur Ewigkeit erschaffen. Er ist einer unendlichen Glückseligkeit fähig, und zu derselben bestimmt. Der Begriff der Glückseligkeit eines vernünftig-freyen Wesens. Die ewige Verbindung derselben mit den Geistern. Der Verfall der Seelenkräfte und ihre Unzulänglichkeit zur Erreichung der bestimmten Glückseligkeit, ohne eine höhere Unterstützung. Die Begriffe von Religion überhaupt, und der Beweis der Unmöglichkeit einer wahren Glückseligkeit ohne dieselbe: diese Grundwahrheiten, die die Pfeiler des ganzen Gebäudes derselben sind, werden weder erklärt, noch bewiesen. Man bauet also ein Gebäude ohne Grund und Pfeiler, welches nachher der geringste Wind erschüttert, und über einen Haufen wirft.

Kommt nachher ein solcher junger Mensch zum reifern Nachdenken und sieht, daß die Lehren der Religion auf solchen Grundsätzen ruhen, und ohne dieselben nicht bestehen können; findet er zu seiner Ueberzeugung von deren Wahrheit in seinem Inneren keine Gründe, ist er noch dazu ohne Ordnung und Zusammenhang in den Lehren der heiligen Religion selbst unterrichtet; geräth er alsdenn über Schriften, die Gift in goldenen Schalen tragen, und die durch die Macht der Einbildungskraft, welche sie reizen, und durch bezaubernde Bilder und glänzende Phantomen von Gedanken in Feuer setzen, und den Verstand so leicht überraschen, über die Werke eines Voltäre und Roußeau, über die philosophie de l'histoire, Catechisme de l'honnête homme, ein Dictionnaire philosophique, defense de mon Oncle, oder über die wieder aufgewärmten Einwürfe eines Julian, des Abtrünnigen: so geräth er unvermerkt in ein Labyrinth hinein, aus dem er sich ohne die Hülfe eines vernünftigtreuen und einsichtsvollen Führers nicht wieder heraushelfen kann. Er wird in einigen Lehren des Glaubens wankend, und verwirft nachher das Ganze.

Sehet hier eine der fruchtbarsten Quellen der Freydenkerey und des Deismus! Sehet hier, woher es komme, daß ein solcher durch die leichtesten Angriffe überwunden

den fället, und daß sein Feind so wenig Mühe braucht, ihm den Anker seiner Hoffnungen aus den Händen zu winden! Sollte ich Vorschriften zu einem Plane eines Lehrbuches welches in dieser Absicht einiger maaßen vollkommen wäre, geben: so würden es ohngefehr folgende seyn:

1) Man fängt billig bey der Erkenntniß sein selbst, des wunderbaren Baues des Körpers, seiner Seele mit ihren Kräften und Fähigkeiten, der wundervollen und künstlichen Verbindung und Theilnehmung beyder wesentlicher Theile, und von dieser kleinen Welt gehet man zur Betrachtung der großen, der ganzen Natur fort.

2) Da diese Erkenntniß zuerst nicht anders, als historisch und sinnlich seyn kann: so muß man durch Vergleichung und analogische Schlüsse zu höheren Begriffen und allgemeinen Wahrheiten hinaufsteigen.

Man muß seinen Schüler von der Natur zur Religion leiten; man muß ihn aus der Natur und Beschaffenheit dieser Welt, von ihrer Zufälligkeit und Abhängigkeit, von einer ersten Ursach, von dem Daseyn eines Ueberirrdischen Wesens, das da ewig, nothwendig und unabhängig ist, das heißt, von dem Daseyn eines Gottes überzeugen.

3) Man muß hier weiter gehen. Man muß ihnen aus der Natur den Spiegel der Vollkommenheiten ihres Urhebers, einen großen, richtigen und erhabenen und ihm anständigen Begriff beybringen, und sie aus der Größe und Pracht seiner Werke von seiner unendlichen Macht, aus der Mannigfaltigkeit der Verbindung der Mittel und Endzwecke von seinem uneingeschränkten Verstande und Weisheit, aus der Einrichtung des Ganzen zum gegenseitigen Nutzen seiner Geschöpfe, von seiner Güte

überzeugen, und hieraus den Begriff aller übrigen Vollkommenheiten Gottes entwickeln.

4) Man muß sie aus den Eigenschaften Gottes, aus seiner Weisheit, die nichts ohne Absicht thun, und seiner Allmacht, die den Plan derselben nicht vereiteln lassen kann, und zugleich aus der Natur dieser Welt, einer Maschiene, die sich selbst weder erhalten, noch den Endzwecken Gottes gemäß bestimmen kann, ferner aus der Geschichte der Völker zeigen, daß nichts in der Welt, ohne seinen Eigenschaften gemäße Rathschlüsse geschehe, oder daß eine Vorsehung, und daß es ihm also nicht einerley sey, ob man seinen Rathschlüssen gemäß oder zuwider handle.

5) Hier muß man nun die Unsterblichkeit der Seele, einen Satz, ohne welchem man nicht weiter gehen kann, so viel es möglich ist, aus der Vernunft erweisen. Die Beweise aus der herrschenden Unordnung und Verwirrung der Welt mit Zusammenhaltung der Gerechtigkeit Gottes, aus der Größe der Anlagen und Fähigkeiten der Seele, besonders, wenn sie durch die Cultur zu einem hohen Grade der Stärke und Vollkommenheit in den Wissenschaften gestiegen; aus ihrem unüberwindlichem Triebe nach Unsterblichkeit und ihrer Empörung gegen die Zernichtung, und aus der allgemeinen Zerrüttung, die, wenn unser Daseyn auf dieses Leben eingeschränkt wäre, entstehen würde; indem alsdenn die Pflicht zur Verlängerung des Lebens die allererste seyn würde, da alsdenn Pflicht durch Pflicht aufgehoben, da jedem alle Gewaltthätigkeiten und Unrecht erlaubt seyn würden, wenn dieses zur Verlängerung desselben ein Mittel wäre u. s. w. diese Beweise, sage ich, werden ungefähr die besten und ihren Fähigkeiten angemessensten seyn.

6) Hier-

6) Hierauf muß man ihnen nun die Natur der Glückseligkeit eines Geistes, die Vereinigung und Gleichförmigkeit in seinen Absichten und Handlungen mit denen seines Schöpfers, als des großen Originals aller Vollkommenheit und Glückseligkeit, kennen lernen, und ihre Bestimmung zu derselben erweisen.

Und wie leicht kann dieses geschehen!

7) Sie überzeugen, daß die Glückseligkeit eines Geschöpfes an die Beobachtung der Gesetze des Schöpfers nothwendig gebunden, und diese der einzige Weg zu derselben sey, wobey man ihnen zugleich die Hauptgesetze der Natur bekannt machen und erweisen sollte.

8) Sollte man die natürlichen Kräfte des Verstandes und Willens mit diesen Gesetzen in Vergleichung setzen, ihnen aus Erfahrung die Unzulänglichkeit und Ohnmacht derselben zu deren Erfüllung und die Herrschaft der Leidenschaften, die Zerrüttung und Unordnung derselben beweisen.

9) Hier ist nun der nächste Schritt zu einem überzeugenden Beweise von der Nothwendigkeit einer übernatürlichen Offenbarung. Reichen nämlich die Kräfte ihrer Natur zur Erfüllung der Gesetze und der unumgänglich an dieselbe gebundenen Glückseligkeit nicht hin: so ist ja wohl eine göttliche Offenbarung gewisser Mittel zur Genugthuung für die Uebertretung und die Unterstützung einer höhern Kraft zur künftigen Erfüllung der Gesetze unentbehrlich nothwendig.

10) Eine göttliche Offenbarung ist unumgänglich nothwendig zur Erreichung der Hauptabsicht Gottes, unserer Glückseligkeit; folglich ist sie. Aber welches ist sie?

Ist es das Alte Testament und der Talmud der Juden? oder des Mahomets Alkoran? oder die Bücher des Confucius bey den Chinesern. Wie kann ich die wahre göttliche Offenbarung, die doch nur einzig seyn kann, von andern fälschlich davor ausgegebenen unterscheiden? Sie hat ihre Charaktere, ihre wesentlichen Eigenschaften, ihr untrügliches Siegel. Diese müssen richtig bestimmt und durch die Anwendung derselben die Göttlichkeit der heil. Schrift bewiesen werden. Diesen Beweis unterstütze man mit mehrern andern, als durch die schnelle Ausbreitung der Religion unter so vielen Verfolgungen, eine Schnelligkeit der Ausbreitung, die nicht aus natürlichen Ursachen zu begreifen, und zwar weder aus der Natur der Religion selbst, noch aus den Werkzeugen, noch aus den Mitteln ihrer Ausbreitung.

Nicht aus der Religion selbst, denn sie befiehlet Lehren, die über alle Vernunft erhaben sind, zu glauben; sie prediget Sittenlehren, welche gegen alle Neigungen der Menschen streiten; die Verleugnung, die Liebe der Feinde. Nicht aus den Werkzeugen ihrer Ausbreitung, denn diese waren arme, verachtete, ungelehrte Leute. Nicht aus den Mitteln, denn sie thaten nichts, als daß sie die Lehre in reiner Einfalt verkündigten. Ferner kann man sie überzeugen durch die richtigste Uebereinstimmung aller Bücher der Offenbarung, bey einer so großen Verschiedenheit der Verfasser, ihrer Denkungsarten, der Zeiten, worinn sie lebten; und endlich auch durch die Wunderwerke, mit denen diese Offenbarung bestätigt ist. Lauter für die Jugend faßliche Beweise für die Göttlichkeit der Offenbarung der Christen, welche durch die Vergleichung

gleichung mit andern fälschlich davor ausgegebenen Offenbarungen noch deutlicher und überzeugender werden.

11) Hierauf gehet man nun zur Betrachtung des Erkenntnißgrundes der Religion, der heil. Schrift, ziehet aus derselben die ganze Geschichte des Christenthums, besonders die Begebenheiten des Erlösers, worauf das ganze Gebäude der Religion ruhet, und um sich der Weitläuftigkeit des Durchlesens aller Bücher zu überheben: so kann dieses in einem gut zusammenhängenden und getreuen Auszuge geschehen. Hübners biblische Geschichte ist hiezu nicht vollkommen bequem, andrer Fehler nicht zu gedenken; aber eine andre, wenig bekanntere vom Beer verdienet den Vorzug. Sie ist nicht bloß historisch, sondern auch paraphrastisch-erklärend, hat mehr Zusammenhang und Ordnung, und ihre Sprache ist angenehmer und feiner.

12) Hat man hiebey zugleich den Inbegriff der Lehren des Glaubens kennen lernen: so bauet man aus denselben ein System, ein zusammenhangendes Ganzes, und setzt die Wahrheiten in eine Ordnung und Verbindung, die ihnen selbst, der menschlich zu gedenkenden Folge der Rathschlüsse Gottes und der Einrichtung der menschlichen Seele natürlich ist. Sie müssen so geordnet werden, daß die vorhergehende immer der nachfolgenden Licht und Aufklärung giebt.

13) Die Beweise dieser Wahrheiten müssen nicht allein aus der Schrift, sondern auch aus der Vernunft geführet werden. Man muß hier überall die Harmonie der Vernunft und Offenbarung zeigen, um eine große Quelle der Deisterey zu verstopfen, aber auch die Grän-

zen

zen der Vernunft zu bezeichnen, nicht vergessen. Man muß zeigen, wo uns die Offenbarung Licht aufsteckt und die Vernunft im finstern sitzen läßt; damit die Ueberzeugung von der Unzulänglichkeit der natürlichen Religion immer fester werde, und der Werth, die Vortrefflichkeit und Vollkommenheit der höhern Offenbarung immer in einem hellern Glanze erscheine. Jedoch muß man auch hier nicht zu weit gehen; sondern der Vernunft eben sowohl, als der Offenbarung ihre Gerechtigkeit wiederfahren lassen. Dadurch, daß man die erstern zu sehr erniedriget und alles Gute auf die Rechnung der Offenbarung setzt, entehret man sie nicht nur und ihren Schöpfer, sondern man richtet auch dadurch mehr Schaden an, als man gemeiniglich glaubt. Gott wirkt durch beyde, durch Vernunft und Offenbarung, durch Natur und Gnade. Sie haben einen Urheber. Sie sind ein Mittel zu gleichem Endzweck, und ich sehe daher nicht ein, warum man beyde einander so sehr entgegensetzen, warum man einen ewigen Streit zwischen diesen beyden Grundprincipien unsrer Glückseligkeit auf eine, fast möchte ich sagen, manichäische Art, sich gedenken sollte, wie in nicht wenigen theologischen Schriften geschiehet. Ihre Wirkungen sind daher vermuthlich sehr untermischt und der Unterschied in der Empfindung daher nicht allemal merkbar. Alles zu verwerfen, was von Natur, Vernunft und dem derselben unterworfenen Gewissen kommt und von einer daraus fließenden Handlung, die dem Hauptzweck des Menschen gemäß ist, mit einer gewissen Verachtung sagen, daß sie gar nichts zu seiner wahren Glückseligkeit beytrage, das heißt, ihren Urheber entehren und dem Menschen alle Aufmerksamkeit auf die

Stimme

Stimme derselben verbieten. Diese Grundsätze, die Grundsätze der Vernunft und des Gewissens, sagt ein verehrungswürdiger Geistlicher *) unsrer Kirche, dürften nur erst dem Menschen ehrwürdiger und heiliger seyn; sie dürften die große Verbindlichkeit gegen dieselbe nur erst recht empfinden, so würden sie schon bey sich selbst inne werden, wie mächtig Gott auch durch diese Mittel bey ihnen geschäfftig sey, sie auf den Weg der Vollkommenheit zu führen. Was darf uns also hindern zu glauben, daß da, wo Wahrheit ist, praktische bewegende Wahrheit, die unmittelbar darauf abzielet, den Grund des Herzens gut zu machen, und zur Ordnung zu bringen, daß da auch Gnade ist?

14) Hiebey muß man nach und nach den Unterschied der Lehrsätze der Hauptcommunionen der christlichen Kirche zeigen, und den Ungrund der gegenseitigen in möglichster Kürze und Deutlichkeit beweisen.

15) Alles dieses muß nach einer sinnlich-überzeugenden Methode, durch Beyspiele, Geschichte, Gleichnisse, durch analogische Schlüsse und Fälle vorgetragen werden.

Wie könnte man ihnen, daß ich einige Beyspiele anführe, eine leichtere und faßlichere Ueberzeugung von der Existenz Gottes aus der Zufälligkeit dieser Welt, von seiner Größe und Macht, aus der Pracht, Herrlichkeit und dem erstaunenswürdigen Umfange und von seiner unendlichen Weisheit aus der mannichfaltigen Ordnung seiner Werke beybringen, als wenn man zum Gleichniß ihre

*) Spalding in seinem Buch vom Werthe der Gefühle im Christenthum.

ihre Augen auf einen nach den Regeln der Kunst, Ordnung, Bequemlichkeit, und Schönheit aufgeführten Pallast richtete, und die Thorheit und Unvernunft desjenigen zeigte, der da behaupten wollte: daß dieser Pallast nicht das Werk eines weisen, einsichtsvollen Baumeisters, sondern das Geschöpf eines blinden Ohngefehr und Zufalls, oder gar ein Werk der Ewigkeit wäre?

Wie könnte man ihnen das Thörichte und Ungereimte des Rückganges ins Unendliche deutlicher und begreiflicher, als mit einem vortrefflichen Reimarus *) machen, wenn man diese unendliche Reihe von Dingen ohne eine erste Ursach, mit einer vom Himmel herabhangenden unendlichen Kette vergliche. Ein Glied der Kette hält immer das andre. Aber, woran hängt endlich die ganze Kette? Würde sie nicht, wenn nicht eine Hand wäre, die sie hielte, zu Boden fallen? Wie würde man ihnen das Vernunftmäßige, wenigstens das von aller Ungereimtheit entfernte in der Genugthuung, die sich Gott selbst in Christo geleistet; in der Vorstellung des Satzes: Gott war in Christo und versöhnete die Welt mit ihm selber! Wie würde man, sage ich, das Vernunftmäßige dieser Versöhnung faßlicher machen können, als durch das bekannte Beyspiel jenes Königs der Lokrenser, Zaleukus, welcher, da sein Sohn des Ehebruchs überführet und sich dadurch nach den eigenen Gesetzen seines Vaters des Verlustes beyder Augen schuldig gemacht hatte, sich selbst ein Auge und seinem Sohne das andre ausriß, um den Gesetzen zur Erhaltung ihres Ansehens ein Gnüge zu leisten, und doch seinen Sohn nicht ganz unglücklich

*) Siehe seine natürliche Religion.

zu machen, um den Ruhm eines gerechten Richters und eines barmherzigen Vaters zugleich zu behaupten?

Eben so würde ich ihnen aus dem Charakter eines Weisen die Weisheit Gottes und aus der weisen, väterlich gütigen und gerechten Regierung eines Königes, die Regierung des höchsten Monarchen deutlich machen.

Zwar haben alle diese Gleichnisse und analogische Fälle ihre schwache Seite, sie leiden niemals eine vollkommene Anwendung, omne simile claudicat: sie dienen aber doch zur Aufklärung, und wenn sie nur mit Klugheit und mit Anstand für die Würde der Sache gewählt werden, so haben sie doch ihr Tertium comparationis.

Bey den Geheimnissen der Religion ist hier eine doppelte Behutsamkeit nöthig. Man muß sich entweder hier der Vergleichungen ganz enthalten, oder, wenn man sich derselben ja zu einiger Aufklärung bedienet, so muß man neben der treffenden noch mehr die unvollkommene Seite zeigen, indem sie fast ganz über alle Vergleichung erhaben sind.

Ich rede aber nicht von fälschlich und willkührlich angenommenen, sondern ausgemachten Geheimnissen. Bey diesen kann ein Lehrer weiter nichts thun, als daß er nach dem klugen Rathe eines bescheidenen Mosheims seinem Schüler die Lehre der Geheimnisse mit keinen andern, als mit den Worten der heiligen Schrift selbsten, und ja nicht mit metaphysischen Zergliederungen der Begriffe und Spitzfindigkeiten vorträgt, in der gegründeten Ueberzeugung, daß gewiß der göttliche Verfasser der heiligen Schrift nach dem höchsten Grade der Klarheit, dessen

sen unser Verstand fähig ist, von denenselben geredet haben wird; daß er ihn, um ihn für Zweifel, Anstoß und dem Argwohn der Ungereimtheit zu verwahren, zuerst, um mit einem Cramer zu reden, an einige Tiefen und Geheimnisse des Reiches der Natur, und nachher an die Tiefen des Reiches der Gnaden führe; daß er ihm, um mit eben demselben zu reden, so viel als möglich, zeige, daß diese Geheimnisse mit den Grundsätzen und Wahrheiten einer gesunden Vernunft eine zusammenhängende Kette ausmachen, deren Glieder aber durch heilig-dunkele Wolken hindurchgehen, und daß eine Religion, deren Hauptgegenstand das unendliche Wesen, seine Eigenschaften und Rathschlüsse sind, für einen Verstand, wie der unsrige ist, nothwendig Geheimnisse und unbegreifliche Wahrheiten enthalten müsse; ja, daß dieselben eher Bestärkungsgründe der Wahrheit und Göttlichkeit derselben abgeben, als uns einen gerechten Verdacht und Zweifel gegen dieselbe einflößen könnten; anstatt, daß eine Religion ohne alle Geheimnisse denselben nicht ganz unbillig verdienen würde.

Noch ein Hauptfehler des Unterrichts im Christenthum ist, daß derselbe gemeiniglich, wenigstens im Anfange, nach Anleitung des Catechismus geschiehet.

So schätzbar derselbe für die Zeiten seines Ursprunges war, so mangelhaft ist er für die unsrigen. Zeit und Umstände haben seinen Werth gar sehr verringert.

Sein Ursprung zu einer Zeit, da das Licht der Reformation noch sehr klein brannte, und seine Bestimmung für ganz Unwissende, passet nicht auf uns und unsre Zeiten.

Er enthält die Hauptmaterialien des Christenthums, aber ohne Kette, Ordnung und Zusammenhang. Mir ist es, ich gestehe es freymüthig, niemals ohne Zwang und Ausschweifung möglich gewesen, ein deutliches, vollkommenes und ordentliches Lehrgebäude durch die Erklärung daraus aufzubauen.

Für uns, die wir mit so vielen Secten von Schwärmern und Freygeistern umringt sind, ist ein solches Lehrbuch nicht mehr hinreichend; wir bedürfen vielmehr zur Befestigung unsrer Ueberzeugung und zur Bewaffnung gegen alle listige Anfälle unsrer Feinde eines Unterrichts, wo sich Vernunft und Offenbarung die Hand bieten. Jedoch aber kann hiebey der Catechismus als ein symbolisches Buch für die Jugend, entweder mit eingeflochten oder nachher besonders erkläret werden.

Um den Unterricht in der Sittenlehre siehet es noch schlechter aus; jedoch, da dieselbe ihren nächsten Einfluß auf das Herz äußert: so werde ich davon bey Bildung desselben zu reden, bequemere Gelegenheit haben.

Indem ich mich bemühte, einen Plan zu einem den itzigen Zeitumständen angemessenen Lehrbuche zu entwerfen, oder vielmehr dasjenige, was Büchern dieser Art gemeiniglich fehlet, anzuzeigen; so besann ich mich hin und her, um eins zu finden, welches diese Bedürfnisse einigermaßen befriedigen und welches ich mit Grunde zum Gebrauch anpreisen könnte. Ich verfiel in meinen Gedanken auf zwey Arbeiten eines Mannes, für den jeder, der ihn kennet, ganz Beyfall, Hochachtung und Bewunderung ist; Arbeiten, die zwar nicht zu diesem Endzwecke verfertiget sind, die aber doch in der Hand eines klugen Lehrers für seinen Schüler ungemein nützlich werden können, ich meyne die zwey Arbeiten, womit vor kurzer Zeit der Herr Abt Jerusalem die Welt beschenkt hat, das Glaubensbekenntniß und seine Betrachtungen über die vornehmsten Wahrheiten der Religion. Das Glaubensbekenntniß, so kurz es auch ist, so zusammengedrängt hier auch die Wahrheiten des Glaubens sind, (denn dies könnte in einem Glaubensbekenntnisse nicht wohl anders seyn) liefert doch dieselben in einer ungemein geschickten Ordnung und natürlichen Verbindung, und macht sich zum ersten Anfange des zusammenhängenden Religions-Unterrichtes der Jugend nicht wenig brauchbar, wenn die Lehren mehr auseinander gesetzt, durch nähere Erklärungen entwickelt und die ins Kurze zusammen gefaßte Beweise hin und wieder erweitert, vollständiger gemacht, und da, wo sie voraus gesetzt sind, ergänzt werden. Hiedurch glaube ich, würde es für den Verstand der Jugend Aufklärung genug erhalten und ihnen in den erstern Jahren ein Genüge thun.

Aber seine Betrachtungen über die Wahrheiten der Religion! Eins der seltensten Geschenke unsers Jahrhunderts, welches, so schöne Früchte es auch hervorgebracht, dennoch keine aufzuweisen hat, die dieser, ohne Verdunklung zu befürchten, an die Seite gesetzt werden könnte.

Ich bin zu schwach, durch mein Lob dieses Buch anpreisen zu können; dessen Werth einem jeden, der nur denken kann, schon einleuchtend genug ist.

In was für einen natürlichen und ungesuchten Zusammenhang weis der Verfasser die Lehren der Vernunft

und

und Religion vorzutragen, und was für unerkünstelte und sanftanziehende Anmuth, Reiz und Schönheit über dieselbe zu verbreiten! Was für ein helles Licht weis sich derselbe hin und wieder aus der Geschichte aufzustecken, und was für ein feiner Beobachtungsgeist begleitet ihn, wenn er über die ungleichen und abwechselnden Schicksale der Religion, den sie unter den Händen der Menschen in verschiedenen Zeitaltern gehabt hat, urtheilt! In was für einem ungewöhnlichem Glanze schimmert hier die Lehre von der göttlichen Vorsehung! Noch nie habe ich sie so schön und gründlich gegen die Anklagen ihrer Feinde wegen Zulassung des Bösen, des physikalischen und moralischen Bösen, dessen wahres Verhältniß er so richtig bestimmt, rechtfertigen hören! Wie schön bemerkt er und bestätigt es durch unleugbare Erfahrungen, daß das physikalische Uebel dem moralischen das Gleichgewicht halten und das erstere das Gegengift des letztern seyn müsse. Wie scharfsinnig weis er hier dem Verfasser des verführerischen Dictionnaire philosophique zu begegnen, ihn seines schimmernden Gewandes zu entkleiden und seine in einem witzigen Unsinn glänzenden Einwürfe abzufertigen! Auf was für eine, allen Feinden unersteigliche Höhe der Gewißheit und Unbetrüglichkeit setzt er unsre Erwartungen eines zukünftigen Lebens: und wie unvergleichlich weis er die Angemessenheit der Religion zu der ganzen moralischen Natur des Menschen zu zeigen. Wie richtig bestimmet er endlich das wahre Verhältniß des Unglaubens und Aberglaubens, und den Stand der wahren vernünftigen Religion zwischen beyden!

Sollte ein Buch, wo reife Vernunft und Religion durchgängig in einer so genauen Verschwisterung neben einander gehen, und dessen Fortsetzung, die gewiß des Anfanges vollkommen würdig seyn wird, die Welt unter so vielen ungeduldigen Wünschen erwartet, nicht auch bey einer guten Anleitung für die Jugend, wenn sie vorher durch die Kenntnisse, die zum Verstande desselben erfordert werden, vorbereitet worden, brauchbar seyn? Es ist wahr, die Bestimmung dieses Werkes ist höher. Ein durch fleißiges Nachdenken geschärfter Geist findet hier Nahrung, er findet Anlaß, sich in tiefe Gründe der Untersuchung einzulassen, und sich auf allen Seiten sehr weit auszudehnen: allein sollte dieses zur Erreichung eines niedern Endzwecks hinderlich seyn? sollte dieses hinderlich seyn, daß ein noch nicht so im Nachdenken geübter Jüngling, dies schöne Buch zu seinem Nutzen mit wahrem Vergnügen, zur himmlischen Nahrung für Verstand und Herz lesen könnte?

Nein, ich halte es für das allergeschickteste Buch, einen in die große Welt tretenden Jüngling gegen die Angriffe des ganzen Schwarmes der Freygeister standhaft gegen ihre Verführungen unüberwindlich zu machen, und das mit so vielen einnehmenden Süßigkeiten zubereitete Gift witzig und sinnreich seyn sollender Spöttereyen, das sich so leicht in junge Herzen einschleicht, durch ein kräftiges Gegengift zu tödten.

Anmerkung.

So eben, da ich mit der letzten Ausfertigung dieses Werkchen beschäfftigt bin, erscheinet ein Buch unter dem Titel: Kurzer Entwurf einer Lehrart in der Religion für die Jugend; eine Schrift, welche den im Jahr 1764 von

von einigen angesehenen Männern weltlichen Standes zu Berlin ausgesetzten Preis erhalten, und Herrn Enoch Christoph Simonis, Prediger zu Lüssow zum Verfasser hat. Der Herr Consistorialrath Spalding, der es mit einer Vorrede begleitet, nennt dreyerley, wodurch sich dieselbe von andern ausnimmt. 1) Daß der Verfasser den Unterricht für bloße Christen in der Religion von dem, der für Gottesgelehrte gehört, wohl unterschieden. 2) Eine warme und lebhafte Empfindung für die Religion zeige, und 3) die innern in dem Innhalte liegenden Beweise für die Wahrheit und Göttlichkeit des Evangeliums, die ohne Critik und Historie faßlich sind, voraus geschickt, die äußeren historischen von den Wundern und Weissagungen hergenommenen Beweise hinzugethan habe.

Es soll kein Lehrbuch, sondern, wie der Titel sagt, ein bloßer Entwurf über die Lehrart der Jugend seyn, worinn aber doch kein Hauptpunkt, der dem Christen zu wissen nöthig ist, übergangen worden, und der also zur Anleitung für einen Lehrer sehr brauchbar ist.

Der Unterricht in der Geographie, so wie er gewöhnlich ist, verdienet nicht weniger Tadel. Er ist zu trocken und der Hauptnutzen derselben wird ganz verabsäumt, wenn er weiter nichts, als eine Topographie ist, wenn ein Lehrer sich damit begnüget, Lage, Gränzen, Flüsse, Seen, Städte und etwa noch das Clima zu bemerken.

Die Geographie soll gleichsam den Mangel des Reisens ersetzen. Ein Lehrer derselben muß also gleich einem Führer eines jungen Reisenden, der die Kenntniß der Welt zur Absicht hat, bey der Durchreise eines jeden Staates, ihm das Unterscheidende seiner Natur, die

Seltenheiten der Kunst, die politische Verfassung und Regierungsform und die innere Stärke und Schwäche desselben zeigen. Er muß ihn mit dem herrschenden Geiste, Temperament und Charakter einer Nation, mit ihren Sitten, Gebräuchen und Gesetzen, mit dem Zustande der Gelehrsamkeit und Religion, und mit den vornehmsten Stiftungen und Anstalten zur Aufnahme und Aufrechterhaltung derselben bekannt machen. Hiemit muß er, um seinen Unterricht noch ergötzender zu machen, eine kurze Geschichte des Ursprunges und der vornehmsten Revolutionen eines Staates verbinden.

Eben so gehet es mit dem Unterrichte in der Historie. Derselbe ist gemeiniglich nichts weniger, als was er seiner grossen Bestimmung nach seyn sollte. Man erzählet nichts, als die Thorheiten und Ausschweifungen der Regenten, und die Geschichte weitläuftiger Kriege. Die Geschichte alter Zeiten zu erlernen ist man mit dem größten Fleiße bemüht, und die Geschichte neuerer Zeiten lässet man in Dunkelheit und Verwirrung. Man bekümmert sich um alle Kleinigkeiten der alten Griechen und Römer; man lernet ihren ganzen Anzug vom Haupte bis zum Fuß, vom Helme bis zum Schuhe, ihre ganze Art zu kriegen, alle Werkzeuge und Waffen in Schlachten und Belagerungen, und alle Gebräuche ihres Gottesdienstes mit einer so ängstlichen Sorgfalt kennen, als wenn diese Kenntniß unser Glück und Unglück auf ewig entschieden, und in der Geschichte des Vaterlandes, die doch für uns die interessanteste ist, bleibt man oft ganz Fremdling da man doch von derselben den Anfang machen und zu der Geschichte benachbarter Staaten, nämlich

lich nach Voraussetzung einer Universalhistorie, und wenn sonsten die natürliche Verbindung der Geschichte der Staaten es zulässet, fortgehen sollte.

Die Lehrart der Geschichte muß pragmatisch seyn.

Sie muß uns die Ursachen und das geheime Triebwerk menschlicher Handlungen, dem man oft eine fremde Farbe und besonders den frommen Anstrich von Tugend, Politik im guten Verstande und Religion gegeben, auszuspähen und die verschiedenen Gänge, welche die Menschen zur Befriedigung ihrer Neigungen und Leidenschaften und zur Erreichung ihrer Absichten genommen haben, zu entdecken lehren. Sie muß uns den Zusammenhang und die ganze Kette der mit einander verknüpften Begebenheiten, deren Glieder oft in vielen von einander entfernten Jahrhunderten zerstreuet liegen, und dennoch genau verbunden sind und deren erstes Glied oft ein kleiner unbemerkter Zufall ist, und ihren Ausgang und letzte Entwickelung nebst den Folgen, die sie über Religion, Wissenschaften und gesellschaftliches Leben der Menschen verbreitet haben, vorstellen, und wenn sie recht gemeinnützig werden soll, so muß endlich die Anwendung auf uns und unsre Zeiten durch Vergleichung und Gegeneinanderhaltung ähnlicher und unähnlicher Umstände gemacht werden.

Aus diesen Augenpunkten muß also ein Lehrer der Geschichte die großen Revolutionen jedes Staates betrachten, die verschiedenen Perioden seiner Macht, Ansehens und Stärke, seinen stufenweisen Wachsthum und Verfall und die Ursachen beyder mit dem Geiste eines

Montesquiou *) bemerken; die Fußstapfen, durch welche die göttliche Vorsehung ihren Gang hie und da merklich bezeichnet und die Weisheit ihrer näheren und entfernteren Veranstaltungen zur Erreichung ihrer Absichten entdecken; und wenn dieses das Profil eines Lehrers der Historie ist, wenn er von einem solchen Beobachtungsgeiste geleitet wird, so kann man erst seinen Unterricht pragmatisch nennen.

Die Geschichte jeder Begebenheit gleicht einem Strom, welcher, je weiter er sich von seiner Quelle entfernt, je mehr seine Ufer ausdehnet, dadurch, daß er fast unzählige kleinern Flüsse und Bäche aufnimmt; einem Strom, der oft mit lauterem Geräusch sich über jähe Felsen stürzt, oft aber durch tiefe Thäler still und unbemerkt hinfließt, der bald sich in enge Gränzen zusammendrängt, bald sich reißend über nahe Gefilde ergießet, die er, nach Unterschied der Jahreszeiten, entweder durch seine Ergiessung befruchtet, oder deren Saaten er verheeret; sie gleicht einem Strome, der sich oft in viele Arme zertheilet, die endlich ihr Wasser mit dem ungeheuren Ocean vermischen. So wie nun hier das forschende Auge eines Reisenden jede Abänderung bemerkt: so muß auch ein Lehrer der Geschichte seinem Schüler jede Wendung und Wirkung einer Begebenheit in ihrem Laufe bemerken lassen. Er muß ihn bis zur Quelle derselben zurückführen, ihm zeigen, wo sie durch Zufluß andrer Begebenheiten mehr Stärke bekommt, sich auszudehnen und oft über benachbarte Staaten zu ergießen; wo sie zuweilen, vom lauteren Geräusche einer andern Begebenheit übertönet, still und unmerk-

*) Consideration sur les causes de la grandeur et de la decadence des Romains.

unmerkbar fortläuft, bald von widrigen Veränderungen enge zusammengedrängt, nachher aber mit einer desto größern Gewalt unaufhaltsam daherrauscht; wie sie sich endlich nach allen Seiten zu theilet, und oft ihren Einfluß auf die allerentferntesten Staaten äußert.

Wenn nun überdies ein Lehrer die reizendesten und entzückendesten Gemälde der Tugend zur Nachahmung auszuzeichnen, die häßlichen Charaktere des Lasters zur Verabscheuung und Warnung aufzustellen, das oft nach so vielen Schwierigkeiten ersiegte Glück der erstern und das traurige Ende der letzteren nach einem betrügerischen Glücke zu beseelenden Bewegungsgründen zu machen; wenn er in der Geschichte, wie auf dem Theater Acteurs von so verschiedenen Rollen auftreten zu lassen, ihnen in der Person eines Titus den erhabenen Menschenfreund; in der Person eines Belisairs den großmüthigen Patrioten, in dem Bilde eines großen Carls, die rühmlichen Bemühungen eines Fürsten um die Aufnahme der Religion und die wahren Verdienste um die Gelehrsamkeit; in dem Bilde jenes Otto des Großen, die Tapferkeit, die Großmuth, die weise und patriotische Sorgfalt eines Regenten, in dem Charakter eines Heinrichs des Zweyten die Gerechtigkeit, Großmuth, Unerschrockenheit, Uneigennützigkeit und das zärtliche Mitleiden, das auch von dem geringsten Unglücke seiner Unterthanen gereizt wird; wenn er durch die Beyspiele eines Colbert, eines Fleury und Richelieu die wahren Verdienste und Würde eines Staatsministers und in dem Verhalten jenes Fabius Cunctator, eines Cäsars und in unsern Zeiten zweyer Prinzen, eines Heinrichs und Ferdinand, die Weisheit, Klugheit und Vorsichtigkeit eines Helden, und im Gegentheil in dem

Beyspiele eines Caligula die lächerlichen Thorheiten eines Verschwenders, eines Galba, die abscheulichen Folgen des Geizes, eines Heinrichs des Dritten und Vierten, die traurigen Früchte des Aberglaubens, das Abscheuliche der Wollust eines Etelreds auf dem Throne der Britten, ferner in dem Leben eines Honorius das Unglück, das eine Begleiterinn der Nachläßigkeit, Trägheit und Sorglosigkeit ist, kennen zu lehren, wenn er aus der Geschichte der Menschen die Geschichte ihrer Leidenschaften, ihres Ehrgeizes, ihrer Wollust, Haabsucht, Wankelmüthigkeit und aller Thorheiten zu machen und dadurch den Verfall dieses Geschlechts und seinen traurigen Zustand ohne eine höhere Religion ins Licht zu setzen weis; wenn dieses das Ideal seines Unterrichts in der Geschichte ist: so wird dieselbe redende Moral in schönen Mustern, welche durch sympathetisches Gefühl zur Nachahmung hinreissen, so wird sie die Lehrerinn der Vorsichtigkeit und Klugheit, eine Freundinn zur Warnung und die beste Schule zur Erfahrung und Kenntniß des menschlichen Herzens. Und so wird die Historie unterhaltend für den Verstand und interessant für das Herz.

Mit der Geographie könnte der Unterricht in der Heraldik, und mit der Historie die Kenntniß der Genealogie, insofern sie nützlich werden kann, dieser beiden mageren Wissenschaften verbunden werden.

Ich komme zur Mathematik.

Von dem Nutzen derselben, in so fern durch ihre Lehrart der Verstand zum Denken, Urtheilen und Schliessen geschärfet wird, wird sehr vieles gerühmet. Sie verdie-

verdienet diesen Ruhm; aber wie wenige wissen sie so zu lehren, daß dieser Endzweck erreicht wird!

Ich weis wohl, daß man in Erhebung des Nutzens der mathematischen Lehrart anfangs zu weit gieng und sich mehr von derselben versprach, als man nachher einsehen lernte. Man erhob diese Methode fast bis an den Himmel. Man führete sie in alle Wissenschaften ein und verachtete jede Schrift, die nicht in das äußere Gewand der Mathematik eingekleidet war; denn man glaubte, daß nichts gründliches ohne dieselbe gesagt werden könne. Allein diese Methode erreichte nur ein Modealter. Man sah gar bald ein, wie trocken und mager die Schriften bey derselben geriethen, wie weit sie uns von derjenigen Fruchtbarkeit, von jener lactea vbertate entfernte, die die Anmuth zur Begleiterinn des Nutzens macht; man fühlete, in was für ängstliche Schranken sie unsern Geist setzte, und wie unnöthig man sich diese Fesseln angelegt hatte. Man besann sich, daß die Fruchtbarkeit und Anmuth mit dem strengsten Denken wohl bestehen könne und entschloß sich, beides zu verbinden, und seit der Zeit sehen wir Schriftsteller, die gemeinnütziger sind, und die eben sowohl für die Menschheit, als für philosophische Köpfe denken. Reinmarus war, wo ich nicht irre, einer der ersten, die diese Fesseln abwarfen, und er hat schon manchen glücklichen Nachfolger gehabt.

Indessen ist hiebey nicht zu leugnen, das die Lehrart der Mathematik demohngeachtet von großem Nutzen sey. Das Skelet unsrer Gedanken, welches in Begriffen, Urtheilen und Schlüssen besteht, muß immer, daß ich so rede, mathematisch seyn. Dieses Skelet füllen und bauen wir

wir nach allen seinen Theilen weiter aus, und geben ihm diejenige Zierde, die ihm seine Natur verstattet, so daß daraus ein Körper voller Schönheit und Anmuth wird. Wir denken noch mathematisch; aber das Ganze unsrer Gedanken erscheinet in einer angenehmen Gestalt. Es gleich itzt mehr einer einnehmenden jugendlichen Schöne, als dem Abscheu einflößendem Gerippe eines abgelebten Greises. Das Gerippe, das bey diesem augenscheinlich ist, liegt bey jener verborgen. Diese reizt Anbeter, jener erregt Ekel. Es kann also nicht undienlich seyn, einige Anleitung zu geben, wie man bey der Mathesi die Methode des strengen Denkens lernen könne.

Da sie sich mit lauter Körpern und sinnlichen Gegenständen beschäfftigt und uns dieselben von allen Seiten darstellt, da sie eine fast ganz untrügliche Wissenschaft und ihre Lehrart die Methode des Denkens im genauesten Verstande ist: so gewöhnen wir uns nach und nach bey derselben, in andern Sachen, die blos für den Verstand geschaffen sind, eben so zu denken. Aber kann man diesen Endzweck bey seinem Schüler erreichen, wenn man ihnen nicht vorher, jedoch so kurz, als möglich, die unumstößlichen Grundsätze des Denkens kennen lehrt, und ihm nachher nicht die richtige Anwendung derselben bey dem Unterrichte selbsten zeigt?

Man muß also denselben bey jedem neuen Schritte auf den vorhergehenden zurückweisen, ihm die Wahrheit und Richtigkeit eines Begriffs Stück vor Stück an der Uebereinstimmung desselben mit seinem Gegenstande, das natürlich nothwendige der Folge der Grundsätze aus den Begriffen, die Art, durch Verbindung derselben zu schlüßen und in den Schlüßen die Nothwendigkeit der

Folge, necessitatem consequentiae aus den Sätzen zeigen: so würde dieses eine objective Vernunftlehre, Logica in concreto werden, die alle Theorien derselben übertreffen würde.

Endlich noch etwas von der Mythologie! Die Kenntniß derselben ist nützlich und nothwendig. Sie ist nützlich, um theils die Ungereimtheiten und Thorheiten, auf welche die menschliche Vernunft, ihr selbst überlassen, in Absicht auf Gott und göttliche Dinge verfällt, theils um sich destomehr von der Nothwendigkeit und dem hohen Werthe einer göttlichen Offenbarung zu überzeugen. Sie ist nothwendig zum Verstande alter und neuer Dichter, die oft durch geschickte Einwebung eines unerwarteten mythologischen Zuges in das Ganze der Fiction den Leser bezaubern, eine Kunst, die unter den neuern besonders dem Herrn Zachariä eigen ist. Der gewöhnliche Unterricht in derselben ist aber auch zu seinem Zwecke sehr mangelhaft. Man läßt seinen Schüler nicht aus den Quellen selbst schöpfen, man führet ihn nicht auf den Ursprung eines solchen Gewebes von thörichten Einfällen; man vorenthält ihm den Schlüssel zu denselben.

Sollte man ihnen nicht, daß ich einige Beyspiele anführe, bey Erzählung des Gedichts vom goldenen Zeitalter, von dem die Poeten so vieles träumen, zeigen, wie die Heiden durch eine Tradition vom Stande der Unschuld, bey der Geschichte von der Bestürmung des Himmels, von den Giganten durch die Geschichte des babylonischen Thurmbaues verleitet worden? Sollte man sie nicht belehren, wie die Alten durch die Nachricht von der Sündfluth auf die Erzählung von der Ueberschwemmung zu den

den Zeiten Deukalions, von welcher Ovid so viel redet, gekommen; ferner, wie sie aus dem Josua, Simson und andern Helden des Judenthums einen Herkules gefabelt, und daß der Nemeische Löwe, den Herkules erlegt, Simsons Löwe, jenes Keule dieses Esels Kinnbacken, jenes Hydra sein Centaur und andre Ungeheuer vermuthlich die Feinde Simsons, die Philister und endlich der freywillige Tod desselben auf dem Berge Oeta wohl nichts anders, als die Todesart Simsons sey; wie endlich ein Virgil in seiner Ecloge Pollio vermuthlich durch die sibillynischen Bücher auf jenes vollständige Gemälde des Erlösers, den die damalige Welt hoffte, gerathen, und wie wahrscheinlicher Weise jene Bücher dasselbe aus den Büchern der Propheten, vornehmlich eines Esaias erhalten; Abbildungen, zwischen welchen so viele Aehnlichkeit herrscht, und deren Züge zu sammlen sich Pope *) viele Mühe gegeben hat! Sollte man ihnen, sage ich, nicht das Räthselhafte derselben auflösen und unter der Fabel die Wahrheit, unter der Schale den Kern hervorsuchen? Boulanger hat durch eine solche Arbeit der Welt einen sehr nützlichen Dienst geleistet.

Vom Zeichnen, Rechnen, Schreiben will ich weiter nichts sagen, als, daß man das erstere, als eine vortreffliche Gelegenheit nützen könne, die Jugend zur Aufmerksamkeit auf die Gegenstände der Natur zu gewöhnen und von denselben zu unterrichten, und daß der Unterricht des andern, so viel als möglich, nach faßlichen Grundsätzen geschehen und durch die Anwendung auf allerley Fälle gemeinnützig gemacht werden müsse.

Das

*) Messiah. A Sacred Eclogue, in Imitation of Virgil's Pollio.

Das dritte Kapitel.

Worinn ein Plan der Ordnung des Unterrichts vorgeschlagen wird.

Nachdem ich nun die Hauptfehler der herrschenden Methode, oder vielmehr des eingerissenen Schlendrians des Unterrichts angezeiget und Vorschläge zur Verbesserung desselben und der Methode einiger Wissenschaften, insbesondere zu einer glücklichern und angenehmern Erreichung des Endzwecks gethan: so bleibt mir nun nichts übrig, als daß ich nun auch einen Plan entwerfe, nach welchem der Unterricht aller dieser Sachen geschickt zusammen geordnet und der Natur derselben und der Seelenkräfte gemäß, stufenweise verbunden werden können. Er würde ohngefähr folgender seyn. Der Anfang geschiehet zwar mit Sprachen, aber auf eine ganz leichte und spielende Art, blos zum Vergnügen und Zeitvertreib; so daß man ihnen täglich einige Wörter vorspricht und sie zugleich auf die bezeichneten Sachen führet. Dieses gilt von allen, aber besonders den lebenden Sprachen, vornehmlich aber von der Französischen. Hiemit verbindet man sogleich den Unterricht in der Geographie, auf eine ihren Fähigkeiten angemessene, ihre sinnliche Gedenkungsart unterhaltende, ergötzende und zerstreuende Art, welches etwa nach Landcharten, die man im Zimmer aufgehängt hat, und die vielleicht doch ihre Neugierde reizen, geschehen kann. Um dieses noch angenehmer zu machen, begleitet man sie mit allerhand

nützlichen

nützlichen und ihnen faßlichen Erzählungen. Man gehet hierauf bald zu den ersten Gründen der Sprache fort, verbindet die lateinische und französische Grammatik auf die kurze und leichte oben vorgeschlagene Art, und gehet, so bald sie nur einigermaßen in denselben gegründet sind, zur Exposition fort, damit sie durch Anwendung der Declinationen, Conjugationen und aller erlerneten Regeln jemehr und mehr befestiget werden und den rechten Gebrauch derselben kennen lernen. Hiemit verbindet man Zeichnen und Schreiben. Nachdem sie eine hiezu hinreichende Bekanntschaft mit der Geographie erlangt haben; so fängt man den Unterricht in der Geschichte an, nicht aber zusammenhängend, nicht periodisch, sondern eben, wie in der Erdbeschreibung, auf eine angenehm zerstreuende Art, in Fragmenten, etwa nach historischen Gemälden. Jede Begebenheit, die dessen fähig ist, begleitet man mit interessanten Anmerkungen und moralischen Reflexionen. Hiebey fängt man das Lesen einiger nützlichen und leichten lateinischen Autoren, etwa eines Cornelius, eines Cäsars und nachher bey stärkerer und durch längere Uebung erlangten Einsicht und Fertigkeit in der lateinischen Sprache, eines Sallustius und Tacitus an, und lehret ihn hieraus den Geist eines Geschichtschreibers kennen. Neben diesem zerstreueten Unterricht in der Geschichte und dem Lesen der Geschichtschreiber beschäfftiget man ihren Verstand mit Gegenständen der Natur, deren viele man sie selbsten zeichnen lässet. Unter allen diesen Beschäfftigungen muß schon die Hauptbemühung eines Lehrers dahin gerichtet seyn, bey jeder schicklichen Gelegenheit ihren Verstand und Herz zur Tugend und Religion zu bilden; nicht also systematisch; sondern so, daß

man

man sie unvermerkt auf dem nächsten Wege, von der Natur zur Religion, zur Erkenntniß eines höchsten Wesens, von dem alles abhänget, zur Natur aller Naturen, zur Urquelle alles Guten, was man in derselben findet, zur Erkenntniß und Ueberzeugung von den Vollkommenheiten dieses Wesens, seiner aus allen seinen Werken herfürstralenden Güte, Weisheit, Liebe zur Ordnung, Allmacht, Allwissenheit und Vorsehung leitet. Dieses wird in ihren zarten und noch unschuldsvollen Herzen unvermerkt die Empfindungen der Liebe gegen ihren gütigen Schöpfer, die Regungen der Dankbarkeit gegen ihren großmüthigen Wohlthäter, der kindlichen Ehrfurcht und Hochachtung gegen ihren anbetungswürdigen Versorger und Reglerer ihres Schicksals erwecken, und ihre Seele mit einem zuversichtsvollem Vertrauen füllen; Regungen, welche mächtige Triebfedern der Ergebung und Aufopferung ihres Herzens an ihn und durch die Religion von Himmel erhöhet, bestärkt und geheiliget, die ganze Grundlage der praktischen Religion und Tugend werden. Hiemit verbinde man das Lesen eines für sie angenehmen und faßlichen Buches, welches Betrachtungen aus dem Reiche der Natur und Sitten liefert. Ich würde hier Peter Millers historisch-moralische Schilderungen zur Bildung eines edlen Herzens in der Jugend vor allen andern wählen, ein Buch, welches dem nach und nach steigenden Grade der Fähigkeiten der Jugend und den immer wachsenden moralischen Bedürfnissen ihres Herzens, daß ich so rede, eine Genüge zu leisten, eingerichtet ist, und welches hier wohl eine nähere Anzeige verdienet.

Es enthält vier Theile, die reich an allerhand nützlichen und nothwendigen Kenntnissen und lehrreichen Schilderungen sind. Der erste enthält angenehme Betrachtungen in Dialoguen zwischen dem Lehrer und Schüler über die Schönheit der Welt und dem daraus hergeleitetem Daseyn Gottes, Betrachtungen über die Mythologie, über den Garten und seine Früchte, den gestirnten Himmel, den Charakter des liebenswürdigen Fürsten, einige Züge der Thorheit eines veränderlichen und unbeständigen Menschen, Anmerkungen über große Unglücksfälle, und fängt nach einer Abbildung des Vergnügens des Landlebens und der Ewigkeit Gottes, den Roman Lanwills, eines jungen Engländers an, welcher auch für die Jugend ganz unterhaltend und lehrreich, nur zuweilen durch eine etwas zu gedehnte Moral für dieselbe zu ermüdend wird, und daß er überhaupt zu viel Rede und zu wenig Handlung und Geschichte hat. Dahin rechne ich den weitläuftigen und theoretischen Unterricht eines Tennesons an den jungen Lanwill, vom menschlichen Leibe, welcher fast eine vollständige Physik desselben, seinen Unterricht von der Seele des Menschen, welcher eine ordentliche Kinder-Psychologie ist, und von der wahren Glückseligkeit. Solche Abhandlungen schicken sich nicht wohl in einen Roman. Er schließt diesen Theil mit einigen Charakteren, Briefen, kurzen Geschichtchen und einer Anleitung zur Büchererkenntniß. Der zweyte Theil enthält einige nützliche Gespräche über den Frühling und die fürnehmsten Erscheinungen der Natur in demselben, über die Kunstkammer, über den Charakter eines Richters und einige Vorschläge, wie man sich frühzeitig vom Irrthum losmachen und zur Erkenntniß vieler

Wahr-

Wahrheiten auf dem angenehmsten Wege kommen könne, eine Abhandlung über die Wahrheit der christlichen Religion, von der Ueberzeugung durch Erfahrung und Nachdenken, von den allgemeinen Gründen der menschlichen Erkenntniß, über die Thiere, die Unsterblichkeit nach den Gesprächen des sterbenden Sokrates, über die Kunst, die Gemüthsart der Menschen zu kennen; er setzet die Geschichte Lanwills fort und endigt sie. Der dritte Theil liefert Abbildungen des rechtschaffenen Mannes, des vollkommenen Frauenzimmers, des Geschmacks schöner Geister, eine Zeichnung des Weisen und Klugen, des Patrioten, des Kriegeshelden, des Officiers, des rechtschaffenen Geistlichen, des würdigen Edelmanns, des Prinzen, des jungen Gelehrten, des Künstlers, Handwerkers, Kaufmanns und noch andre gute Schilderungen des Weisen und Christen in Widerwärtigkeiten, welche letztere in meinen Augen für allen andern den Vorzug behauptet, nebst noch einem kurzen Inbegriff der Moral.

Der vierte Theil ist in drey Abschnitte getheilet, deren der erste eine kleine Kinderphysik, der andre einen Unterricht in den ersten und wichtigsten Wahrheiten der Religion enthält, welcher aber für die Jugend ein wenig zu trocken, zu abstract und schematisch, und dem Zustande unsrer Zeiten zu wenig angemessen zu seyn scheint.

Der letzte Theil giebt Anweisung zur Wohlredenheit nach auserlesenen Mustern eines Maßillon, Bourdeloue, Saurin rc. Diese Anweisung gleicht den alten Rhetoriken zu viel.

Aus diesem kurzen Abriß wird ein jeder leicht sehen, daß dies Buch eine bequeme Anleitung für einen Lehrer

 und

und gleichsam ein Compendium zur Bildung des Verstandes und Herzens der Jugend sey. Herr Doctor Miller ist durch dieses Werk eben das, ja ich könnte wohl sagen, noch mehr für die deutsche Jugend geworden, was eine Madam Baumont durch ihre Magazins unter den Franzosen ist. Ich wundre mich, daß dieses Buch nicht in den Händen mehrerer Schüler ist.

Und wie vortreffliche Dienste können auch die **Vorübungen zur Erweckung der Aufmerksamkeit und des Nachdenkens** leisten, dies schöne Buch, womit Herr Sulzer die Welt beschenkt hat, und welches jeder rechtschaffene Lehrer mit Dankbarkeit aus seiner Hand annehmen wird.

Ich komme nach dieser kleinen Abirrung wieder zu meinem Plane.

Man gehet darauf unter diesen angenehmen und nützlichen Beschäfftigungen stufenweise zum Lesen höherer lateinischer Schriftsteller, eines Cicero, eines Ovid und nachhero eines Virgil, eines Horaz u. s. w. und zum Lesen auserlesener theatralischer Werke, besonders der Franzosen fort, und zwar so, daß man sie, wie oben gemeldet, bey den Briefen eines Cicero, mit dem ächten Geschmacke in Briefen, bey den Reden desselben mit der wahren Beredsamkeit, bey dem Virgil und Horaz mit dem Charakter eines Poeten, und bey theatralischen Werken mit dem Geiste, der das Theater beherrschen muß, bekannt macht. Alles dieses würde einer ohngefähren Berechnung nach in einem Zeitraum von 6, 7, 8 Jahren, nach dem Unterschiede der Fähigkeiten, einnehmen.

Bey dem Anfange des Lesens solcher Schriftsteller setzt man noch immer den angenehmen Unterricht in der

Natur-

Naturlehre, jedoch mit mehrerem Zusammenhange fort, man kehret von der großen Welt, dem Schauplatze der Natur, wieder zu dem Menschen, dieser kleinen Welt und in sich selbst zurück, lernet hier das wundervolle und symmetrische Gebäude des Körpers, die Seele nach ihren Anlagen und Kräften, ihre Bestimmung kennen, und so viel möglich, sich von ihrer Unsterblichkeit überzeugen und steiget von den Stufen dieser kleinern Welt bis zur Höhe des Schöpfers hinauf. Bey dem Anfange und Fortdauer der Beschäfftigungen mit diesen Schriftstellern lieset man die Bücher der heiligen Schrift mit Erklärung und Anmerkungen. Der Unterricht in der Geographie und Historie wird nun zusammenhängend, man sammlet die bisherigen Fragmente zusammen, bauet nun aus denselben ein festes und dauerhaftes Gebäude auf, macht es eben so in der Physik und vergisset hiebey nicht die Mathematik.

Neben diesem allein, nachdem man die heiligen Bücher einmal durchlesen und vorausgesetzt, daß man ihnen schon vorher die vornehmsten Wahrheiten der geoffenbarten Religion entweder gleichsam im Vorbeygehen oder nach einem kurzen Inbegriffe beygebracht, ist es nun aber auch Zeit, den gründlichen und zusammenhängenden Unterricht in der Religion nach oben gegebenen Vorschriften anzufangen, und ihn mit jenen Geschäfften parallel fortgehen zu lassen. Dies könnte ohngefehr ins 14te, 15te oder höchstens 16te Jahr einfallen.

Um nun diese ganze Sammlung von Kenntnissen und die reizende Harmonie aller Wahrheiten zu übersehen, um ihre natürliche Verbindung, Ordnung und Zusammenhang deutlicher wahrzunehmen, um in der Erkenntniß der Sachen gleichsam Glied an Glied zu knüpfen, um eine Kette zu formiren; und um besonders die Verwandschaft und die Gränzen aller Wissenschaften gezeichnet zu finden: so lese man mit seinem Schüler eine Encyclopedie. Die kleinere vom Herrn Formey, unter dem Titel: Abregé de toutes les sciences pour les enfans de six jusqu' à douze ans, die schon so oft aufgelegt und ins Deutsche übersetzt ist, ist hiezu bey weitem nicht hinreichend und auch nicht bestimmt. Dieses Werkchen, welches sonst eine gute Einrichtung und Ordnung hat, würde noch nützlicher werden und seinem Gebrauch angenehmer machen, wenn der Verfasser oder jemand anders die Mühe über sich nähme, es hin und wieder zu erweitern, den Stil zu verbessern und von Fehlern zu reinigen. Einige Beyspiele davon! Im dritten Abschnitt sagt er, Gott ist ein Geist, in welchem alle Vollkommenheiten sich bis auf den höchsten Gipfel gebracht, (welch ein Ausdruck!) sich befinden. Im vierten Abschnitt sagt er: das alte Gesetz sey nicht hinlänglich gewesen zur Seligkeit der Menschen. Ist zu unbestimmt. Was würde daraus folgen? Die Weisheit Gottes würde ein unzureichendes Mittel zur Seligkeit gewählt haben und kein Mensch im A. T. selig geworden seyn. Es war allerdings hinreichend bey seinem rechten Gebrauch. Ferner im Abschnitt von der Geographie sagt er, die Meerenge sey ein Ort, wo die Gewässer des Meeres zwischen zwey Ländern hinfließen, welche sie umgränzen und einschließen, und mehr dergleichen Fehler. Aber die größere Encyclopedie, die er herausgiebt, wäre zu diesem Zwecke bequem und vortrefflich, wenn sie nicht zu weitläuftig geriethe. Würde man mir hier den Vorwurf machen, daß ich hier nichts von Logik

und

und andern Wissenschaften der Weltweisheit insbesondre gedacht: so würde ich zu meiner Rechtfertigung antworten, daß die nach den Regeln der Kunst zu erlernende Vernunftlehre, (logica artificialis) nur für eigentliche Gelehrte zum Verstande einiger Kunstwörter, zur Entdeckung der Sophistereyen und Trugschlüsse und zu mehrerer Einsicht in die Kunst zu disputiren nöthig und nützlich sey; daß aber bey andern die natürliche Logik oder auch die Methode der Meßkunst und das Lesen guter Bücher schon hinreichend sey, den Kopf nach und nach zum Denken zu gewöhnen, und nicht weniger könnte ich mich damit entschuldigen, daß meine Absicht eigentlich nicht so weit gehe, einen Entwurf zur Bildung eines Gelehrten, sondern eines jungen Menschen vom Stande, er mag zu einem Besitzer seiner Güter, oder zu einem Hofmann, oder zu einem Soldaten bestimmt seyn, zu einem Philosophen, wenn ich alles rauhe und pedantische, wodurch sich dieser Name bey der feinern Welt einen gewissen Haß und Ekel erweckt hat, davon absondere, oder daß ich es mit einem Worte sage, zu einem vernünftigen Manne, der in jeder Situation glücklich zu leben weis, und zu einem gesetzten Christen, der gegen alle Verführungen gewaffnet ist.

Jedoch ist wohl nicht zu leugnen, daß ein Jüngling zu einem Gelehrten im engeren Verstande bestimmt und nach diesem Plane gebildet, sehr glücklich und mit weit leichterer Mühe, wenn er das weitere Feld der Wissenschaften durchreisen und sich in den Werken eines Descartes, Malebranche, Leibnitz, Locke und Baco umsehen will, fortkommen wird; nur sollte man hiebey sie an den weisen Rath des Descartes zu erinnern nicht vergessen,

sen, an den Rath, daß ein behutsamer Zweifel der Anfang gründlicher Weisheit sey, und sie dadurch zu einem weisen Scepticismus gewöhnen.

Ich will also hier vom Studium der Philosophie nichts sagen: nur das kann ich überhaupt nicht unerinnert lassen, daß die gewöhnliche Schulmethode derselben, wie mit mir alle Vernünftige gestehen werden, ganz verkehrt sey. Man macht gemeiniglich den Anfang des cursus philosophici von Logik und Metaphysik, und erfüllet den Kopf der Jugend mit den abgezogensten Ideen der Möglichkeit, des hinreichenden Grundes, der Ordnung, der Einheit, der Nothwendigkeit und Zufälligkeit, des Veränderlichen und Unveränderlichen, des Reellen und Negativen, ohne sie zur Erkenntniß der Gegenstände angeführet zu haben, von denen doch alle diese Begriffe abgezogen sind. Man schwingt sich mit einemmal in die Höhe, zu welcher man doch durch viele Stufen hinaufsteigen sollte. Ist es Wunder, wenn uns hier ein Schwindel ergreift?

Man steiget von dem Abstracto zu dem Concreto, da man doch auf der Leiter des letztern zu der Höhe des andern hinaufsteigen sollte. Man erhebt sich zu den Geschlechtern, zu welchen man doch nicht anders, als auf den verschiednen Stufen von Einzelnheiten und Gattungen sich erheben kann. Man gehet von der vernünftigen Erkenntniß zu der sinnlichen herab, da sich doch unsre Begriffe von der letztern zur Vollkommenheit der erstern entwickeln. Handelt man hier nicht der Natur der menschlichen Seele und ihrer Wirkungsart zuwider?

Hat

Hat man nun einen abstracten Kopf genug, das ist, hat man einen Kopf voller Ideen ohne Gegenstände, hat man die allgemeinen Bestimmungen der Dinge kennen lernen: so macht man nun die Anwendung derselben auf besondere Dinge, auf die Welt, die Seele und Gott, das heißt nach der Schulsprache, man gehet zur Cosmologie, Psychologie und Theologie fort. Hat man alsdenn noch etwas Zeit übrig, so wendet man dieselbe auf Mathesin und Physik.

Sollten diese Wissenschaften, die sich mit sinnlichen Gegenständen beschäfftigen, nicht vorhergehen? Wir wissen es und sagen es unsern Schülern bey Einleitung und Erklärung des Namens Metaphysik, daß Aristoteles, nachdem er seine Physik verfertiget, noch eine andre Wissenschaft der Welt bekannt gemacht habe, die er Metaphysik genennet, welcher Name entweder eine Wissenschaft, die höher und erhabener ist, als Physik, oder eine Wissenschaft, die erst nach derselben entstanden ist, bedeute. Warum erwählen wir denn nicht diese natürliche Methode der Philosophie?

Der gewöhnliche Weg zur Philosophie ist gar zu rauh, zu steil und mit zu vielen Dornen bepflanzt; man könnte denselben kürzer und angenehmer machen und ihn mit den schönsten Blumen bestreuen. Einige vortreffliche Bücher sind Beweises genug, daß dieses der Natur derselben nicht zuwider sey. Man lese die Schriften eines Reinmanns, seine natürliche Religion und seine Abhandlung von den Natur- und Kunsttrieben der Thiere. Und wie gefällig ist die Art und der Ton, in welchem ein Moses Mendelssohn philosophirt. Die Wahrheiten,

 deren

deren Wissenschaften uns zur wahren Glückseligkeit nöthig ist, sind nicht in verborgenes Dunkel versteckt; sie sind nicht ein Schatz, der tief in die Erde vergraben ist. Sie stehen mit uns in einer sehr nahen Verbindung, sie liegen in uns selbst; sie sind mit sehr sichtbaren Buchstaben auf den Schauplatz der Natur gezeichnet.

Warum wollen wir also unsern Schüler durch viele krumme labyrinthische Gänge durchfahren, deren Ausgang zu suchen ein halbes Leben erfordert? Warum wollen wir ungeheure Folianten durchsteigen, um sie zu finden, da sie uns so nahe ist?

Vielleicht, daß mancher eh' die Wahrheit finden sollte,
Wenn er mit mindrer Müh die Wahrheit suchen wollte.
Und mancher hätte sie wohl zeitiger entdeckt,
Wofern er nicht geglaubt, sie wäre tief versteckt.
Verborgen ist sie wohl; allein nicht so verborgen,
Daß du der finstern Schriften Wust
Um sie zu sehn mit tausend Sorgen,
Bis auf den Grund durchwühlen mußt.
Verlaß dich nicht auf fremde Müh,
Such selbst, such aufmerksam, such oft, du findest sie.
Die Wahrheit, lieber Freund, die alle nöthig haben,
Die uns, als Menschen glücklich macht,
Ward von der weisen Hand, die sie uns zugedacht,
Nur leicht verdeckt, nicht tief vergraben.

Gellert.

Noch eins möchte ich wohl bey dem Studium der Philosophie rathen. Es ist dieses, daß man seinen Jüngling, ehe man ihn auf die Laufbahn derselben führet, mit deren Geschichte überhaupt und jeder ihrer Wissenschaften, deren Felder man ihn durchreisen lässet, insbesondere bekannt

bekannt macht. Wer wird an der Nothwendigkeit dessen zweifeln, der da weis, was für eine Aufklärung die Geschichte einer Wissenschaft über sie selbst verbreite, wie sie oft verworrene Räthsel auflöse, wie sie in Verwickelungen uns den Faden der Ordnung darreiche, und daß sie unsern Geist in den richtigen Gesichtspunkt zu seinen Beobachtungen und Urtheilen versetze; mit einem Wort, wer da weis, daß eine Wissenschaft ohne ihre Geschichte eben das ist, was die ganze Natur ohne Licht seyn würde. Und ist dieses Licht der Geschichte bey einer Wissenschaft nothwendig; so ist es gewiß bey der Philosophie; denn keine ist so verworren und keine hat so sehr ihre Gestalten verändert, als sie; ihre Geschichte ist wirklich die Geschichte von Gellerts Hute. Noch mehr! da der jedesmalige Zustand der Philosophie zugleich die Form abgab, worinn man die andern Wissenschaften goß, so ist die Historie derselben zugleich die erste Grundlage der ganzen litterärischen Geschichte.

Um ihnen dieses Licht in der Philosophie aufzustecken, muß man bis zu ihrem ersten Ursprunge, bis zu ihrer Geburt unter den Morgenländern zurückgehen, ihr auf dem Fuße in ihrer Wanderung zu den Griechen nachfolgen, unter welchen sie anfangs noch in das kindische Gewand der Fabeln eingekleidet war, bald aber in der Stärke und dem Aufzuge einer mannbaren Jungfrau von Pythagoras in Italien und von Thales im eigentlichen Griechenland aufgeführet wurde, deren jener sich durch Xenophanes, Heraklitus, Epicur und Pyrrho, dieser durch die berühmten Schulen eines Sokrates fortgepflanzt; eine Schule, fruchtbar an großen Männern, einem Aristipp von Cyrene,

rene, einem Euklid von Megara, einem Phädo von Elis, einem Plato, dem Stifter der Akademiker, besonders aber einem über sie alle hervorragenden Aristotel, dem Haupte der Peripathetiker, der durch die große Reformation, die er in der Geschichte machte, und die neue Ordnung, welche er einführete, Epoche machte, die unter einigen Abwechselungen bis in spätere Jahrhunderte reichte. Man folge dem Gange der Phylosophie unter die Römer und sey aufmerksam auf die Gestalten, welche sie unter den Händen der Christen bekam; in was für räthselhafte Allegorien und wunderliche Träume sie die Gnostiker eingekleidet, und wie sie in den westlichen Provinzen im 5ten und folgenden Jahrhunderten von der gänzlichen Barbarey überschwemmet worden. Was man endlich für Versuche angestellet, dieselbe wieder herzustellen, im 13ten und folgenden Jahrhunderten. Die ersten Bemühungen eines Dantes, Petrarcha und Chrysoloeas in Italien und eines Laurentius Valla um die aristotelische und platonische Philosophie; wie man darauf im 15ten Jahrhunderte alles angewendet, um den Text der Werke Aristoteles aufzuklären und diese Philosophie noch mehr zu reinigen; was sie für Schicksale unter den Händen der Reformatoren, besonders eines um sie verdienstvollen Melanchthons gehabt; wie man im 16ten Jahrhundert sich durch die Disputirseuche in viele metaphysische Spitzfindigkeiten verwickelt und wie endlich ein Conring und Thomasius sie noch mehr in Schwang gebracht. Man belehre sie ferner, wie und was hierauf für ein wunderliches Galimatias der Cabbale und der pythagoräischen und platonischen Philosophie, aus einer geglaubten Aehnlichkeit derselben mit der hebräischen Sprache entstanden;

wie

wie endlich alle alte Secten wieder aufgelebt, die Secte des Parmenides durch Bernhard Telesius, der jonischen durch Claudius Berigard, der stoischen durch Just. Lipsius, der Secte des Democrits durch Chrysostomus Magnenus, des Epicur durch Peter Gassendus, der neuern Sceptiker, die bey so vielen Spaltungen wieder auf die Lehre des Pyrrho verfielen, und wie diese Secte sich endlich mit der Schwärmerey verbunden, indem sie sich eine göttliche Kraft, die die Seele erfüllete und mit ihren Stralen zum Erkenntniß der Wahrheit erleuchtete; erdichteten, wie sich zu diesen noch einige neue Sekten gesellet, die Mosaische, welche Vernunft und Offenbarung durch Betrachtung der Geschichte Moses vereinigen wollen, die Theosophen von Theophrastus Paracelsus angeführet und die Syncretisten, welche alle auch die widersprechendesten Secten zu vereinigen suchten, und wie endlich die Philosophie durch die Bemühungen so vieler Verdienstvoller Männer, eines Baco, Campanella, Hobbes, Descartes, Newton, Thomasius, Leibnitz und Wolf zu dem gegenwärtigen Zustande der Vollkommenheit gediehen.

Eine solche Geschichte der Philosophie ist unentbehrlich für diejenigen, welche im genauen Verstande Gelehrte und Philosophen werden wollen; aber sie wird auch von großem Nutzen für die seyn, die ihr Ziel nicht so hoch gesetzet. Sie wird ihnen ausser dem Vergnügen, welches die Geschichte ihren Verehrern zur Belohnung schenket, die schönsten Dienste bey Durchlesung manches Buches leisten, ihnen das Aeußere der Geschichte wenigstens kennen und überzeugen, daß die Wahrheit nie ganz bey einer Parthie, sondern unter alle Secten zertheilet gewesen sey.

Des

Des Herrn Formey kurzgefaßte Historie der Philosophie könnte diesen wohl ein Genüge leisten.

Das vierte Kapitel.

Vom Genie, und was ein Lehrer für Regeln dabey zu beobachten.

Genie scheinet mir bey der Vorstellungskraft oder dem Erkenntnißvermögen unsrer Seele fast eben das zu seyn, was die Oberleidenschaft bey ihrem Willen oder Begehrungsvermögen ist.

So, wie diese die gemeinschaftliche Richtung aller Neigungen und Wünsche auf einen Hauptgegenstand und dieser daher das Ziel der Bemühungen aller moralischen Kräfte ist: so ist das Genie die gemeinschaftliche Richtung aller Fähigkeiten und besondern Vermögen auf einen gewissen Gegenstand der Erkenntniß. Und so, wie die Oberleidenschaft theils durch die natürliche Beschaffenheit des Körpers, theils durch andre dazu kommende Umstände gerichtet und bestimmt wird: so wird auch der Inbegriff unsrer Fähigkeiten, theils durch die specifische oder wohl gar individuelle Beschaffenheit unsers Geistes, theils durch die natürliche Beschaffenheit unsers Körpers, durch Temperament, innere und äußere Organisation, und vielleicht auch durch den ganzen Mechanismus unsers Körpers, theils auch durch den Zusammenfluß der äusserlichen Umstände, zu diesem, jenem oder noch einem andern Gegenstande bestimmt.

Innere

Innere Beschaffenheit des Geistes.

Wenn ich hier von der innern Beschaffenheit des Geistes rede: so verstehe ich den Innbegriff derjenigen Eigenschaften, welche ihm zukommen, wenn ich ihn als eine wirksame Substanz für sich selbst, ohne alle Beziehung auf den mit ihr verbundenen Leib betrachte; wenn ich in meinen Gedanken alle Verbindung und Commercium derselben aufhebe, und alle Eindrücke und Bestimmungen, die er vom Körper leidet, ganz absondere.

Und wenn ich also sage, daß das Genie durch diese innere Beschaffenheit der Substanz unsers Geistes bestimmet werde: so nehme ich einen innern Unterschied derselben an.

Ich weis wohl, daß dieses noch ein Problem ist, dessen Auflösung die Philosophen beschäfftigt: aber ich bin auch nicht so kühn, hier etwas entscheiden zu wollen, wo so viele scharfsinnige Männer noch nichts entschieden haben.

Ich sage nur meine Meynung; ich sage, daß ich mich nicht denen zugesellen könne, die allen inneren Unterschied der Substanzen unsrer Seelen aufheben, und daß mir das Gegentheil aus dem Uebergewichte folgender Gründe wahrscheinlicher vorkomme.

1) Ich kann gar nicht begreifen, warum man die Ordnung, die im Reiche der Natur durchgängig herrscht, im Reiche der Geister nicht annehmen, und also die Harmonie des Sichtbaren und Unsichtbaren aufheben will. Die Natur, so groß auch ihre Mannigfaltigkeit ist, so einfach ist sie doch in ihren Gesetzen; so wenige sind doch der Regeln, nach welchen alles zusammengeordnet ist. Aehn-

lichkeit und Unähnlichkeit, Uebereinstimmung und Nicht-übereinstimmung sind Hauptgesetze dieser Ordnung. Nach dem Gesetze der erstern gränzet immer eins an das andre; nach der letztern trennen sie sich von einander, und daher entstehet die allgemeine Stufenfolge der Dinge. Nun sehe ich keinen Grund ein, warum dieses allgemeine Grundgesetz der Ordnung in der Geisterwelt aufhören sollte, und ich nehme daher mit vieler Wahrscheinlichkeit an; daß in dem Umfange desselben auch die Geister für sich betrachtet, begriffen seyn; besonders da dieses ganz und gar nicht mit dem Begriffe des Wesens und der Natur einer denkenden Substanz streitet. Ich schließe, da alles in der sichtbaren Welt nach Stufen geordnet ist: so kann, so wird dieses auch in der unsichtbaren Geisterwelt seyn. Ich schließe, da alles in der ganzen Natur nach Geschlechtern, Gattungen und Arten getheilet ist: warum sollte dieser Geschlechter-Gattungs- und Artenunterschied nicht auch in dem Geisterreiche seyn?

Die Seelen der Menschen machen zusammengenommen ein ganzes Geschlecht aus. Hier stelle ich mir nun eine bestimmte Anzahl Gattungen und Arten für; ob ich gleich diesen Unterschied nicht genau zu bestimmen weis, denn so weit sind wir in die Intellectualwelt noch nicht eingedrungen.

Hier schließe ich wenigstens, daß eine Klasse von Menschenseelen immer zu einem höheren Endzwecke bestimmt sey, immer eine Grundanlage zur höheren Vollkommenheit habe, als die andre; ja noch mehr! ich schließe, daß jede Seele einer Klasse immer größer, edler und vortrefflicher sey, immer eine höhere Bestimmung

habe,

habe, als die andre, und daß hiedurch die Classen selbst aneinander gränzen. Hieraus entspringt also eine gewisse Rangordnung menschlicher Geister. Ist nun dieses; so ist nicht zu läugnen, daß das, was man Genie nennet, nebst andern Gründen, zugleich durch diese innere Beschaffenheit des Geistes bestimmt werde.

2) Wenn es wahr ist, was ein Leibnitz und Baumgarten behaupten, daß keine zwey ausser einander bestehende Dinge vollkommen gleich seyn können, (nach dem bekannten principium indiscernibilium) so muß auch dieses von dem Subjecte der Kraft unsrer Seele wahr seyn.

3) Noch ein Grund, dem aber die allergenaueste Erfahrung das Gewicht geben muß, und den ich hier zur Prüfung vorlege.

Wenn aller Unterschied der Seelen auf äußern Ursachen beruhete, und gar kein Unterschied in dem Subjecte der Substanz selbst statt fände; so folgete: daß alle Köpfe, die einerley Stärke eines Temperaments, gleiche Reizbarkeit der Nerven, gleiches Clima, Lebensart, Gelegenheit und Unterricht hätten; die gleichen Fleiß und Uebung bewiesen; so folgte, sage ich, daß sie auch gleiche Stufe der Vollkommenheit erreichten. Oder, daß wenn der Unterschied der äußern Gründe, (welche wohl niemals vollkommen gleich seyn können) doch kaum merklich wäre, sich doch auch unmerklich gleiche Wirkungen zeigen müßten.

Siehet man aber nicht das Gegentheil bey der Erziehung allzu deutlich?

Ich will hieraus die Wahrheit meiner Meynung nicht gewiß, nur wahrscheinlich bestimmen und dadurch meine Leser zur Aufmerksamkeit in der Erziehung erwecken, wodurch man vielleicht der Entscheidung dieser Frage näher kommen könnte.

Ich finde also Ursach, wo nicht gewiß zu glauben, doch mit nicht geringer Wahrscheinlichkeit zu vermuthen: daß die Verschiedenheit der Grundbestimmungen unsrer Vorstellungskraft, (denn was sind Witz, Scharfsinn und Gedächtniß anders, als Grundbestimmungen derselben) in dem Subjecte derselben selbst ihren Grund haben. Aber freylich hierinn nicht allein, sondern auch in äussern Ursachen, und zwar so wohl des Körpers, als auch der Umstände und Verhältnisse.

Temperament.

Hier ist nicht der Ort, eine besondre Beschreibung der Temperamente zu geben, ich werde sie bis zur Bildung des Herzens, wohin sie sich besser schickt, verschieben, und nur hier bemerken, daß der Unterschied des Geblütes und die Art seiner Bewegung nothwendig verschiedene Eindrücke auf die Substanz unsrer Seele machen, und sie in ihren Wirkungen verschieden bestimmen müsse. Die Erfahrung lehret es mehr als zu deutlich. Dem Melancholicus ist gemeiniglich der Tief- und Scharfsinn; dem Sanguineus schneller Witz und reiche Einbildungskraft und dem Colericus ein heftiges, energiques Denken und ein langsamer Witz eigen.

Beschaffenheit der Nerven.

Diese sind nach den Graden ihrer Reizbarkeit sehr unterschieden. Schnell reizbare Nerven bringen ihre

Empfin-

Empfindungen schnell zur Seele, erregen die Einbildungskraft, und indem hier Empfindung auf Empfindung folgt, erhitzen sie dieselbe und lassen daher dem Verstande wenig Zeit zur Ueberlegung und Reflexion.

Bey langsam reizbaren Nerven sind die Empfindungen seltener, sie bewegen sich langsamer zur Seele, und weil dieselbe also nie überhäuft wird, ist sie sich derselben länger bewußt, und kann sie also zu einem höhern Grade der Deutlichkeit aufklären.

Der Unterschied der äußern und innern Organisation.

Der Unterschied der letztern folget nothwendig aus der erstern. Das Leben der Organen, wenn ich so reden kann, oder ihre innere Wirksamkeit bestehet in denen Nerven, mit welchen sie versehen sind. Je nachdem also diese unterschieden sind; je nachdem sind auch die Eindrücke, die durch sie geschehen, verschieden. Um die innere Organisation siehet es finster aus. Sie ist uns noch ziemlich unerklärbar.

Clima und Lebensart

haben einen sehr großen Einfluß aufs Temperament und die ganze Complexion unsers Körpers, und durch dieselbe auf unsern Geist, und ich getraue mir nicht zu viel, wenn ich behaupte, daß das Temperament durch beyde hauptsächlich geformt werde. Die National-Temperamente sind hievon der deutlichste Beweis. So viele Arten von Climaten und Lebensarten, so viele Gattungen von Temperamenten.

Das Blut, das in den Adern des kalten Europens rinnet, gleichet der sanftfließenden Milch, und das Blut des hitzigen Afrikaners mehr dem flüchtigen Vitriol. Der Deutsche, der Franzose, der Britte. Sind sie nicht alle einerley Ursprungs? Stammen sie nicht alle von einerley Vätern ab? Aber, wie sehr ist das Temperament beider, nachdem sie ihren alten Wohnsitz verlassen und ihre Lebensart verändert, ausgeartet, und wie sehr hat sich mit beiden das Genie dieser Nationen geändert? Der Britte ist zu den tiefsten und anhaltendesten Untersuchungen aufgelegt. Der Franzose bleibet gern auf der Oberfläche. Der Deutsche dringt tiefer als dieser, aber nicht so tief, als jener. Der Britte hat mehr Gefühl für das Erhabene, besonders das Schrecklich-erhabene. Der Franzose ist mehr für das Angenehme und Schöne gemacht. Der Deutsche liebt eine Mischung von beyden.

Der Britte hebt sich mit schweren und kühnen Gefieder, wie der Adler. Der Franzose flattert mit leichten Schwingen des Witzes, schwingt sich zuweilen kühn in die Höhe, erhält sich aber nicht lange. Der Deutsche bleibt zwischen beyden in der Mitte.

Die Erfahrungen einzelner Personen stimmen hiemit überein. Ich erinnere mich das Urtheil von den Schriften des Dorscheus, (mit denen ich zu wenig bekannt bin, als daß ich davon urtheilen könnte) gelesen zu haben, daß diejenigen Schriften, die er in Rostock ausgearbeitet, von der Denk- und Schreibart derer, die er, als er noch in Straßburg lebte, herausgegeben, sich merklich unterscheiden sollten. Eine Anecdote, die nicht aller Aufmerksamkeit ganz unwürdig ist.

Selbst Religion, Staatsverfassung, die ganze Art der Erziehung, und besonders die ersten heftigen Eindrücke in

der

der Jugend können den Wirkungen unsers Geistes eine besondre Wendung, der Vorstellungskraft eine besondre Richtung geben.

Man kann also wohl nach diesen vorausgesetzten Gründen des Genies mit einem gewissen neuerm Schriftsteller *) sagen: Die Seele ist ein Individuum aus dem Reiche der Geister. Sie denkt nach der Stärke der geistigen Organen, und ist gleichsam die specifische Masse, die durch die Umstände der Erziehung, die entweder bilden oder mißbilden, geformt wird.

Ich überlasse dieses alles zum reifern Nachdenken, und leite nur hieraus den Begriff des Genie her, welches also wohl nichts anders seyn kann, als die von innern und äußern Ursachen bestimmtere Anlage unsers Geistes zu diesem oder jenem Gegenstande, zu dieser oder jener Art der Erkenntniß, oder noch deutlicher mit einem Worte, zu dieser oder jener Art von Wirkungen.

So hat der eine eine vorzügliche Anlage zur Untersuchung verborgener und tief versteckter Wahrheiten. Er weis sogleich den rechten Gesichtspunkt anzunehmen, und sich verworrene und verunstaltete Lehren deutlich vorzustellen. Er entdeckt sogleich die feinsten und fast unmerkbarsten Unterschiede, und weis sich durch die geschicktesten Eintheilungen aus einem Labyrinthe von Meynungen den Weg zu bahnen, in welchem sich ein andrer ganz verlieret. Ohne Mühe weis er Knoten aufzulösen, deren Auflösung andern bey der größten Mühe unmöglich und

*) Herder in seinem Torso über Thomas Abbts Schriften.

dahin Licht zu verbreiten, wo noch alles dunkel ist. Dieser hat das Genie der Scharfsinnigkeit.

So hat der andre eine Gabe, verborgene Aehnlichkeiten, geheimes Ebenmaaß und Uebereinstimmung mit einer ihm eigenen Leichtigkeit zu entdecken, und diesem eignen wir das Genie des Witzes zu. So hat noch ein andrer eine vorzüglich lebhafte Einbildungskraft, die das wirkliche mit dem möglichen zusammen zu verbinden und daraus ein neues Ganzes zu schaffen weis, die das Vergangene, die Zukunft und alles Abwesende sich als gegenwärtig vorzustellen, und dem Unsichtbaren die lebende Gestalt des Sichtbaren zu geben weis. Dieser hat das Genie der Beredsamkeit, der Dichtkunst, der Malerey und Musik.

Dem Genie des Scharfsinns dienet Einbildungskraft und Witz gleichsam, als ihrem Herrn der Witz, der sich mit Entdeckung der Aehnlichkeit beschäfftigt, arbeitet für den Scharfsinn dadurch, daß er, indem er die Aehnlichkeiten findet, demselben zugleich die entgegengesetzten Unähnlichkeiten desto einleuchtender darstellt.

Der Scharfsinn dienet dem Witze umgekehrt.

Die Einbildungskraft dienet beyden dadurch, daß sie ihnen Materie und Stoff liefert, die sie bearbeiten, ausbauen und in ihre Klassen bringen können, und zugleich dadurch, daß sie erfindet und durch Zusammensetzung schaffet.

Scharfsinn und Witz dienen der Einbildungskraft zum Führer. Nach dieser Erklärung kann auch der Begriff der Philosophen vom Genie gerechtfertiget werden, die da sagen: daß dasselbe die Bestimmung der verschiedenen Seelenfähigkeiten zur Erhöhung einer einzigen sey.

Und wenn mir hier jemand mit dem Verfasser des neuen Emils einwedete, daß nach dieser Erklärung das Genie nur in einer Art der Geisteswirkungen vortrefflich seyn könne, welches doch durch offenbare Beyspiele, die Beyspiele eines Grotius, Leibnitz und Kästners widerleget werde: so glaube ich, daß man diesen Begriff dadurch vertheidigen könne, wenn man sagt: daß es ordentliche und ausserordentliche Genies gebe, daß die Natur zuweilen eine Ausnahme von der allgemeinen Regel mache, daß sie, so wie sie Riesen, Leute von ausserordentlicher Größe bilde, so auch zuweilen ausserordentliche Köpfe hervorbringe, Köpfe, die zu allem aufgelegt sind, und in allen Arten von Seelenwirkungen vortrefflich seyn können. Dies setzt freylich eine individual bestimmte Grundanlage zum voraus.

Aber wenn auch diese Gründe nicht statt fänden; so ließe sich dieser Begriff doch rechtfertigen. Unter verschiedenen Geisteswirkungen, in welchen jemand vortrefflich ist, ist ja doch die eine immer vortrefflicher, als die andre, folglich eine am allervortrefflichsten. Diese letzte würde also das Genie seyn, und in derselben würden alle andre concentriren. Diese würden deswegen nicht aufhören, auch in ihren Wirkungen für sich vortrefflich zu seyn. Ein Kästner ist Poet und Mathematikus, aber wo ich nicht irre, doch das letztere mehr, als das erstere. Das Hauptziel seiner Fähigkeiten wäre also die Mathematik. Er hätte das Genie des Scharfsinnes. Der Geist des Witzes und der Dichtkunst würde hier, daß ich so rede, dem Geiste des Scharfsinnes und der Meßkunst dienen, und ihm zu seinen tiefen Untersuchungen die Hand bieten.

Jedoch! die Sache mag seyn, wie sie will. Sie mag immerhin problem bleiben. Das Genie mag auf Gründen beruhen, auf welchen es wolle. Hier ist an der Entscheidung so gar viel nicht gelegen. Gut, daß Genie nichts eingebildetes, sondern etwas wirkliches ist. Ich will daher nur einige Regeln zur Fürsichtigkeit und Klugheit in Absicht auf dasselbe für den Lehrer geben.

1) Er muß auf das Genie seines Eleven, welches gar frühzeitig einige Stralen von sich schießen lässet, und aller Hindernisse ohngeachtet hervorzubrechen sich bemühet, aufmerksam seyn. Eine öftere Unterredung mit seinem Schüler, die etwas vertrauliches hat und die genaue Bemerkung der Tour seiner Vorstellungen und Gedanken, welche er nimmt, ist hiezu wohl das beste Mittel.

2) So bald sich nun das Genie eines Kindes äußert, und kenntbar macht, muß man es unterstützen und ihm Gelegenheit geben, sich zu entwickeln, und zwar dadurch, daß man es auf das Object richtet, welches sein Ziel ist.

3) Da das Genie gleichsam der Ruf der Natur ist, so sollte billig auch nach demselben, so viel, als möglich, die künftige Lebensart gewählet werden. Die Seele würde alsdenn, daß ich so rede, in ihrem Element und der glücklichste Fortgang zu hoffen seyn.

Es wäre zu wünschen, daß jemand so das Genie zu allen andern Arten der Gelehrsamkeit bestimmte, wie es Herr Zimmermann von dem Genie des Arztes gethan hat. Eine Abhandlung von dieser Art, die uns das

Genie

Genie des Theologen, des Rechtsgelehrten, des Philosophen, des Redners und Dichters schilderte, würde nicht wenig interessant seyn.

Noch eine Anmerkung soll den Beschluß machen.

Einige Genies, sagt Richardson, reifen, wie einige Früchte, sehr späte. Sie sind uns lange ein Räthsel. Sie entwickeln sich nur nach und nach.

Die jugendliche Erfahrung hat es vielleicht viele empfinden lassen, daß in den erstern Jahren oft ein gewisses undurchsichtbares Dunkel über unsre Seele verbreitet sey, bis zu gewissen Zeiten oder Jahren, da unvermerkt ein Licht in demselben zu schimmern anfängt, dessen Klarheit und Glanz nachher desto schneller zunimmt.

Diese Periode der Erheiterung und Aufklärung kommt bey dem einen früher, bey dem andern später.

Die Ursachen davon können verschieden seyn; die vornehmste ist aber wohl diese, daß ein Genie mehr Gelegenheit sich auszubilden, und das eine den Gegenstand seiner Richtung eher findet, als das andre.

Der zweyte Haupt-Abschnitt.

Von der Bildung des Herzens.

Die Bildung des Verstandes und des Herzens lassen sich eben so wenig trennen, als Verstand und Herz selbst. Ein Herz, das einen Verstand durch richtige Begriffe von Tugend und Rechtschaffenheit gebildet und von dem wahren Glücke derselben lebendig überzeuget, zum Führer hat, kann unmöglich im Stande des Gleichgewiches zwischen Tugend und Laster bleiben; nein! es muß sich dem Uebergewichte des erstern überlassen.

Ich trenne beyde hier von einander, aus eben den Ursachen, aus welchen unsre Gottesgelehrten die Glaubens- und Sittenlehre trennen; nämlich, theils, um deutlicher und vollständiger von den Kenntnissen, durch die zunächst das Herz gebildet werden kann, und ihren Mitteln zureden, theils die Kunst zu zeigen, diese Erkenntnisse thätig zu machen, theils die moralischen Hindernisse und die Abwege, auf welche man verfällt, sie zu heben, zu bemerken.

Um nun einigermaaßen das Thema meiner Abhandlung erschöpfen zu können: so will ich diesen Abschnitt in sechs Kapiteln abhandeln, das

Ite wird von der Natur des menschlichen Herzens, das

IIte von der Tugend, das

IIIte

IIIte von denen daraus hergeleiteten Mitteln das Herz zur Tugend zu bilden, das

IVte von der Disciplin oder Zucht, oder von der Klugheit im Strafen und Belohnen;

Das Vte von einigen Gründen und Regeln zur Klugheit und Politik handeln;

Das VIte liefert eine Abbildung des Charakters eines würdigen Hofmeisters.

Das erste Kapitel.

Von der Natur des Herzens überhaupt und besonders vom sittlichen Zustande des Herzens der Jugend.

Die Kraft unsrer Seele, als einer einfachen Substanz äußert sich im Denken und Wollen. Beyde Kräfte sollen, nach der Meynung der Philosophen, in der Grundkraft der Seele, in der Vorstellungskraft gegründet und also nur Bestimmungen derselben seyn. Das erstere, daß das Denken eine Bestimmung der Vorstellungskraft oder ein gewisser Grad der Anstrengung oder Intension dieser Kraft sey, ist wohl nicht zu läugnen. Von dem andern aber: daß das Wollen in der Vorstellungskraft gegründet sey, redet man zu unbestimmt.

Die Kraft zu Wollen, welche allezeit auf etwas relatives Gutes, unsern Vorstellungen nach, und sollten sie auch irrig seyn, gerichtet ist, kann dennoch ohne einen innern Trieb und Hang zum Guten, das ist, ohne Eigenliebe nicht gedacht werden: die Aeußerungen und Richkungen dieses Triebes aber werden freylich allezeit auf eine denen Vorstellungen gemäße Art bestimmt, und in so fern hat die Kraft zu Wollen in der Vorstellungskraft ihren Grund.

Wir könnten also, (ohne das Wort Kraft zu mißbrauchen) eine gedoppelte Kraft der Seele annehmen, eine natürliche und eine moralische, oder füglicher zu reden, eine Grundkraft und einen Grundtrieb. Beyde sind von einander abhängig. Beyde sind durch die weise Hand des Schöpfers durch ein unauflösliches Band unter einander und zu unsrer Bestimmung verknüpft.

Der Grundtrieb, sich glückselig zu machen, richtet die Vorstellungskraft auf Gegenstände, sie zu überdenken, mit einander zu vergleichen, Gutes und Böses in denselben zu unterscheiden, ihr Verhältniß gegen sich zu prüfen und unter diesen Beschäfftigungen reifet sie zur Vernunft. Die Eigenliebe richtet sich bestimmt in ihren Wirkungen nach diesen Einsichten der Vernunft. Sie begehret. Sie verabscheuet. Sie erwählt. Sie verwirft. Sie wünscht. Sie sucht von sich zu entfernen.

Den Inbegriff aller dieser Begierden und Verabscheuungen, Neigungen und Abneigungen, Wünsche und Leidenschaften nennen wir das Herz.

Die Verschiedenheit dieser Ausdrücke bezeichnet nur die verschiedenen Grade der Intension der moralischen Kraft der Seele: nicht besondre einzelne Kräfte derselben.

Begierde und Wunsch sind heftigere Neigungen. Leidenschaft ist die heftigste Begierde, die aus einer besonders lebhaften Vorstellung entsteht, und mit einer Auf-

wallung

wallung, Bewegung und Erschütterung des Geblütes und der Lebensgeister begleitet ist. Dieser Grundtrieb der Seele bestimmt sich entweder zur Neigung oder Abneigung, die, wenn sie in einem höhern Grade rege und wirksam sind, Liebe und Haß, oder auch Traurigkeit und Vergnügen im weiten Sinne genennet werden.

Stellet man sich nämlich eine Sache, als übereinstimmend mit diesem Haupttriebe, das ist, Beziehungsweise gut, oder als ein Mittel zur Befriedigung unsrer Eigenliebe, dieses Triebes und Verlangens nach Glückseligkeit vor; so entstehet daher eine angenehme Bestimmung, oder, wie man sonsten redet, Bewegung derselben, die man Neigung oder Liebe nennet. Stellen wir uns aber eine Sache als disharmonisch mit diesem Triebe, als böse und als ein Hinderniß der Befriedigung desselben und unsrer Glückseligkeit vor: so entstehet eine unangenehme Bewegung dieses Triebes, eine Bemühung, die Sache, oder wenigstens ihre Vorstellung zu entfernen, welche man Abneigung oder Haß nennet.

Aus diesen beyden Hauptquellen ergießen sich nun alle andre besondre Neigungen, Begierden und Leidenschaften. Eigenliebe ist der Stamm, Neigung und Abneigung, Liebe und Haß die Aeste, aus welchen alle bestimmtere Begierden als Zweige sprossen.

Sie entspringen entweder aus Liebe oder aus dem Hasse allein; oder aus beyden gepaaret; je nachdem die Vorstellungen sind, oder die Umstände durch ihren Wechsel und Abänderung auf die Vorstellungskraft wirken.

Stellen wir uns den Verlust einer Sache, die wir als ein Mittel zu unsrer Glückseligkeit ansehen, als wahrscheinscheinlich vor: so entstehet die Furcht, eine unangenehme Empfindung, die auch sonst Unruhe, und wenn sie zu einem höheren Grade gestiegen, Angst genennet wird. Nach dem Verluste einer solchen Sache entstehet Traurigkeit und Betrübniß. Furcht ist noch immer mit einiger Hoffnung vergesellschaftet; so bald aber diese verschwindet; so bald wir den Verlust und die ganze Aufopferung unsrer Wohlfahrt uns als gewiß und unvermeidlich vorstellen: so entstehet die schrecklichste Bewegung, die Verzweiflung. Diese ist also eine Furcht, ohne alle Hoffnung. Eine plötzliche Furcht oder Betrübniß heißt Schrecken.

Wenn wir uns nach dem Verluste einer beglückseligenden Sache selbst als Urheber schuldig erkennen: so entstehet eine Art der Betrübniß, welche man die Reue nennet. Traurigkeit über die Unvollkommenheiten eines andern heißt Mitleid. Verändert sich die gute Vorstellung von einer Sache in eine böse: so entstehet Ekel.

Stellen wir uns nun die künftige Erlangung eines Gutes als wahrscheinlich vor; sehen wir sie schon gleichsam in der Nähe: so entstehet eine angenehme Bewegung oder Freude, die wir Hoffnung nennen. Der höhere Grad der Hoffnung, welcher aus der Gewißheit der Vorstellung eines zu erlangenden Gutes entsteht, heißt Vertrauen, Zuversicht, völlige Beruhigung. Diese sind also eine Hoffnung, ohne Zweifel und Furcht, und so der höchste Grad der Hoffnung, wie Verzweiflung der höchste Grad der Furcht.

Die Zuversicht zur Erreichung eines schwer zu erlangenden Gutes heißt Muth, und in sofern sie mit einer besondern

besondern Anstrengung der Kräfte verbunden ist, Eifer. Ein sehr großer Muth ist Kühnheit. Kühnheit ohne Vorsichtigkeit ist Tollkühnheit.

Die angenehme Bewegung, die über den wirklichen Besitz eines Gutes entsteht, heißt Freude. Die Liebe zu jemanden, der unsre Glückseligkeit durch Wohlthaten befördert, ist Dankbarkeit. Und so leiten sich alle andre Neigungen aus diesen beyden Hauptquellen her.

Andre fließen aus einer Vermischung von beyden, als Neid, Eifersucht, Schaam, Rachsucht.

Aus der Liebe zu einem Gute und aus dem Hasse gegen den Besitzer desselben entsteht ein Widerwille, den wir Neid nennen. Die Furcht, daß uns jemand in dem Besitze einer Sache, die wir lieben, stören werde, heißt Eifersucht. Rachbegierde ist ein Haß, der alsdenn entstehet, wenn uns eine Person eine geliebte Sache entzogen. Schaam entstehet aus dem Hasse gegen dasjenige, was an dem Verluste unsrer Ehre, die wir liebten, schuldig ist; oder sie ist Haß oder Furcht für Verachtung und Schande.

So einfach also, wie die Körperwelt in ihren Wirkungsgesetzen ist: so einfach sind auch die Gesetze der Geisterwelt in ihren Wirkungen.

So wie der letzte Grund aller Veränderungen und Wirkungen der Natur aus einer Grundregel, nämlich der Bewegung durch die Schwere herzuleiten ist: so sind auch alle sittliche Bewegungen unsrer Seele aus einem Grundgesetz, aus der Neigung zur Glückseligkeit durch das Gewicht und Triebwerk der Vorstellungen zu begreifen.

Dies ist nun gleichsam die Genealogie der menschlichen Neigungen und Leidenschaften, und der Grundriß zur Kenntniß des menschlichen Herzens.

Ich will zu mehrerer Aufklärung und zur Erweiterung dieser Kenntniß einige Folgen daraus herleiten, und also die Betrachtung fortsetzen.

1) Diese Neigungen sind also der Seele so wesentlich, als die Eigenliebe selbst, und hier ist also an keine Ausrottung zu gedenken.

Wie thöricht und ungereimt, wie widersprechend mit dem Wesen der menschlichen Natur war also der Stoicismus oder jene Lehre des Zeno, welche zur Erreichung der Ruhe des Gemüths und der wahren Glückseligkeit, eine vollkommene Gleichgültigkeit einführen wollte, und zu dem Ende die gänzliche Ausrottung der Neigungen und Leidenschaften, und also dadurch die menschliche Natur und das ewige Grundgesetz ihrer Wirkungen zu zerstören, befahl.

2) Sie sind also auch in sich betrachtet gerecht, heilig und unsträflich.

3) Ohne dieselben würde der Mensch ohne alle Wirksamkeit seyn.

Sie sind es, die ihn zu Handlungen bestimmen. Sie sind die Winde, die ihn treiben. Ohne dieselbe wäre keine Freyheit des Willens zu gedenken, als welche ja eben in dem Vermögen besteht, seine Neigungen, Entschlüße und Handlungen nach deutlichen Einsichten von der Moralität, von dem was Gut und Böse ist, zu bestimmen.

4) Sie werden also bloß durch die Anwendung, durch den Mißbrauch böse; wenn er sie entweder auf unrechte Gegenstände

genstände richtet, durch deren Erreichung sich der Mensch unglücklich macht, oder wenn er sie nach dem sittlichen Werthe mäßiget, oder wenn er sie auf unschuldige Sachen richtet, um böser Absichten Willen.

So wie also die sittliche Ordnung, nach dem ewigen Begriffe der Vollkommenheit, darinn bestehet, daß die Neigungen, Begierden, Wünsche, Entschlüsse und Leidenschaften harmonisch auf beglückseligende Gegenstände gerichtet sind, und daß die Neigungen mit den Gegenständen gleichsam in einem symmetrischen Verhältnisse stehen oder nach dem moralischen Werthe derselben gemäßigt werden; so bestehet die Unordnung des Herzens in einer Disharmonie der Neigungen, in einer unrechten Richtung, in einer Unmäßigkeit und in einem Mangel des Ebenmaaßes derselben mit den Gegenständen.

Ob es nun gleich eigentlich nach der Absicht und Bestimmung des Schöpfers, der wesentlichen Einrichtung unsrer Seele zu Folge, die Vernunft seyn sollte, welche die an sich gerechten Neigungen von ihren Ausschweifungen zurück halten, sie richten, stimmen, mäßigen und in diese schöne Symmetrie setzen sollte: so macht doch das unzertrennbare Commercium, in welchem die Seele mit ihrem Körper, der Sinnlichkeit und der ganzen sinnlichen Welt stehet, daß die Neigungen von ihrem bestimmten Ziele sich entfernen, und von der richtigen Bahn, durch die Vernunft vorgezeichnet, abirren. Auf dem Felde der Sinnlichkeit keimen aus einem in derselben verborgenen bösen Saamen Triebe auf, die blos aufs sinnliche gerichtet sind; die durch ihren schnellen Wachsthum die Neigungen der Vernunft ersticken.

Ich will deutlicher davon reden! Die Neigungen der Seele, die blos die Vernunft zu ihrem Führer und Beherrscher nehmen sollten, werden zugleich durch das Temperament oder die natürliche Beschaffenheit des Geblütes und der Säfte; durch das ganze System der Bilder, der Einbildungskraft, auch durch dunkle Vorstellungen und darauf beruhenden Vorurtheilen der unreifen Jugend, auch wohl durch dunkle Vorstellungen, schon im Mutterleibe erzeuget, genähret und fortgepflanzt, besonders aber durch die stärkere und lebhaftere Eindrücke und die hinreißende Macht reizender und bezaubernder Bilder des Gegenwärtigen gereizt, gestimmt und beherrscht. So viele Stimmen, besonders die starke Stimme des Gegenwärtigen, übertönen die sanfte Stimme der Vernunft, wenn sie überlegen, prüfen, vergleichen, ermahnen, warnen und gebieten will; sie verblenden sie wohl gar so, daß sie das Unsichtbare, daß sie ihrer Bestimmung, der Bestimmung eines Geistes und ihre wahre und dauerhafte Glückseligkeit vergißt.

Sehet hier die Hauptquelle der sittlichen Unordnung des Herzens! Die Neigungen, in sofern sie aus der ganzen Complexion oder aus der specifischen Beschaffenheit der Organisation, des Temperaments, des Bildersystems, die sich der Einbildungskraft eingepräget, und oft dunkeler und doch lebhafter Ideen geformt werden, machen die Ober- oder herrschende Leidenschaft aus.

Sie ist also nicht eine besondere und neue Leidenschaft: sondern die vereinigte Richtung aller Neigungen auf ein Gut; wobey aber doch noch eine Richtung der Neigungen auf andre Sachen, als Nebengüter statt findet. Sie ist der Hauptbestimmungsgrund unsrer Handlungen. Sie ist der Hauptwind, der uns treibet, die andern Neigungen sind die Nebenwinde. Sie ziehet gleichsam alle andre Triebe mit in ihr Interesse. Sie ist unzerstörbar. Auf die Zerstörung derselben denken wollen, das würde nichts anders seyn, als die ganze Complexion und alle die Gründe, wodurch sie bestimmt wird, zerstören wollen. Je nachdem nun die Beschaffenheit der Gründe, woraus sie bestimmt wird, verschieden ist, je nachdem sind auch die Gegenstände, worauf sie sich richtet, verschieden; entweder auf Wollust, oder auf Ehre, oder auf Reichthum, oder auf Ruhe und Gemächlichkeit. Die Ehre beschäfftigt das ganze Herz des Lupin; sie füllet seine ganze Seele aus. Die ganze Schaar seiner Neigungen steht dieser Leidenschaft zu Dienste. Er wird durch nichts gerührt, als durch Macht, Ansehen, Größe, Glanz und Pracht. Er sinnet auf nichts, als seinen Namen in den Gemüthern der Nachwelt unvergeßlich zu machen, und opfert oft die Ruhe ganzer Nächte und die reizendesten Vergnügungen des Tages dem tiefen Nachsinnen über einen Entwurf auf, seine quälenden Wünsche zu befriedigen.

Sich als Halbgott an der Spitze furchtbarer Armeen angebetet, oder in der Pracht des Hofes, als Günstling des Fürsten vergöttert, oder am Staatsruder sein Vorzimmer von demüthigen Clienten und kriechenden Schmeichlern wimmeln zu sehen, oder seinen Namen durch Meisterwerke in die Denkbücher der Ewigkeit einzuzeichnen, und im Tempel der Göttinn Nachwelt eine der ersten Ehrenstellen zu erhalten, das sind die glänzenden Kleinodien, die seine Augen bezaubern, und nach welchen er unter beständiger Abwechslung von Furcht und Hoffnung ringet; gegen alles andre scheinet er gleichgültig zu seyn. Er verachtet selbst die auserlesensten Vergnügen und Wollüste mit stoischer Miene.

Itzt hat er einen klugen Plan ausgedacht, zu einer ansehnlichen Staatsbedienung zu gelangen. Unermüdet besieget er alle Hindernisse und sein Muth und Eifer werden mehr angefeuert.

Die größten Summen gelten in seinen Augen nichts gegen die Pracht dieser Ehre, und werden verschwendet, um sich Freunde zu machen. Er erhält die theuersten Versicherungen. Seine Hoffnung besiegt alle Furcht und Unruhe. Entzückt siehet er sich schon am Throne des Fürsten; wird unter Blicken der Gnade gefragt und antwortet als Orakel. Als Solon giebt er schon Gesetze, unter welche sich jedermann mit Ehrfurcht beuget. Er hört schon seinen Namen mit eben der Ehrfurcht, als die größten Namen Colbert, Fleury, Richelieu aussprechen, und findet sich schon in Geschichtbüchern bewundert und verewigt. Stolz zeiget er sich schon seinen Feinden und Verächtern, und empfindet das süße Vergnügen der Rache zum voraus.

Aber wie? Semnon wird auf einmal sein Nebenbuhler.

Furcht, Unruhe und Bekümmerniß bestürmen von neuem seine Seele. Jedoch! er faßt wieder Muth. Semnon ist doch noch nicht so weit gekommen, als er. Aber, er gehet eben die Wege, und scheinet glücklich zu seyn. Neue Summen werden verschwendet. Semnon thut es ihm gleich. Er wankt zwischen Hoffnung und

Furcht. Er weis kein andres Mittel, als seinen Nebenbuhler zu stürzen und sein Glück auf die Trümmern der Ehre desselben aufzubauen. Der Anschlag ist gemacht. Die Religion ist ihm nicht zu heilig und ehrwürdig, sie zur Larve zu nehmen und in derselben für dem Angesichte des Fürsten zu erscheinen. Semnon ist ein Feind der Gerechtigkeit. Er hat sich der Untreue gegen den Fürsten verdächtig gemacht. Er ist nicht patriotisch für das Interesse desselben gesinnt. Er ist gar ein Feind und Spötter der Religion.

Ich könnte hier den Charakter des Wollüstigen und des Gewinnsüchtigen auf eben die Art schildern, um zu zeigen, wie die Oberleidenschaft den Menschen treibe, bestimme und in allen seinen Handlungen beherrsche: allein das Beyspiel eines Ehrgeizigen mag genug seyn.

Ein vortreffliches Gemälde des Grundes, der Beschaffenheit und der Wirkungen dieser Oberleidenschaft jenes philosophischen Dichters wird noch mehreres Licht über dieselbe verbreiten:

Der Menschen Sinne sind verschieden unter sich,
Drum trifft der Gegenstand sie auch verschiedentlich,
Und wie das Werkzeug ist, mit dem sie sich bewegen,
Ist eine Leidenschaft der andern überlegen.
Oft Aarons Schlange gleich verschlinget auch wohl gar
Die Oberleidenschaft der andern ganze Schaar,
Sie aus der ganzen Schaar vorzüglich auserkohren,
Lebt immer mit uns fort, mit uns zugleich gebohren.
Und weil der Mensch vielleicht, eh' er den Tag noch sieht,
Im ersten Lebenshauch den Urgrund in sich zieht,
Aus welchem schon der Tod im Hinterhalte zielet;
Wie da mit unserm Wuchs, mehr wirksam, mehr gefühlet,

Die junge Krankheit wächst, so diese Leidenschaft,
Die Krankheit des Gemüths. Des Lebens reicher Saft
Bestimmt in seinem Lauf den ganzen Bau zu nähren,
Fließt ihr alleine zu, in sie sich zu verkehren;
Was nur das Herz erwärmt, was nur das Haupt erfüllt,
Nachdem sich das Gemüth mehr äußert, mehr enthüllt,
Dies alles durch und durch führt in verwegner Eile
Die rege Phantasie zu diesem kranken Theile.
Sie stammt von der Natur, Gewohnheit zieht sie groß,
Der Witz verzärtelt sie stets mehr auf seinem Schooß.
Auch wohl selbst die Vernunft bläst noch in ihre Hitze,
Befiedert ihren Flug und schärfet ihre Spitze:
So wie der reine Stral, der aus der Sonne geht,
Wenn er den Eßig trifft, die Schärfe noch erhöht.

Pope. Der Mensch, zweyter Brief.

Diese Oberleidenschaft wechselt mit den Jahren. Der Jugend ist gemeiniglich die Wollust; dem männlichen Alter die Ehre und dem höhern Alter die Gewinnsucht eigen. Herr Toussaint hat dieses an seinem Vetter Schroop in seiner Historie der Leidenschaften vortrefflich gezeigt.

Noch einige Phänomene der Leidenschaften darf ich hier nicht vergessen. Oft wird ein Mensch von zweyen Hauptleidenschaften zugleich beherrscht, deren Befriedigung der einen aber der andern zuwider ist; und hieraus entstehet ein Streit der Leidenschaften. Gewinnsucht und Ehrgeiz können nicht zugleich befriediget werden. Der Geizige sammlet, der Ehrgeizige zerstreuet. Jener ist unersättlich im Reichthum, denkt auf nichts, als auf die Vermehrung desselben, und jeder Tag ist ihm verlohren, an dem er nicht gewonnen. Dieser liebt Pracht und Ansehen, und jeder Tag läßt ihn unzufrieden, an dem er nicht einen neuen Glanz erhalten. Und wie ist dieses möglich ohne Verschwendung! Eben so streiten Wollust und Ehre, Geiz und Wollust; denn die Ausschweifungen der Wollust haben nach einigermaßen gereinigten Begriffen von der Ehre Schande und Verachtung zur Folge, und die Wollust von Verschwendung und Ueppigkeit begleitet, wiederspricht dem Geiz. Dieser Streit der Leidenschaften ist der beschwerlichste Zustand des Gemüthes. Da die vereinigte Befriedigung zwoer streitenden Leidenschaften zu gleicher Zeit unmöglich ist: so denkt ein solcher bald auf die Befriedigung der einen, bald auf die Sättigung der andern. Er lässet sie also wechselsweise das Zepter führen.

So macht es der, den Geld und Pracht zugleich fesseln. Er bringt dem Geiz ein Opfer nach dem andern, und nachher, wenn es nothwendig ist, entreißt er diese Opfer dem Götzen der Habsucht und heiliget sie dem Tyrannen der Ehre.

Dadurch wird der erstere aufrührisch, und heischt zu seiner Genugthuung neue Opfer . . .

Eben so ereignet sich oft ein Streit der Vernunft mit den Neigungen; wenn nämlich jene sich zur lebendigen Ueberzeugung neiget: daß der Gegenstand ihrer Leidenschaft unerlaubt sey, ihre Triebe zur Glückseligkeit nicht befriedige, oder wohl gar dieselben zerstöre. Ohne diesen vorhergehenden Streit ist keine Besiegung der Leidenschaften von der Vernunft möglich, und er ist daher oft der bequeme Zeitpunkt, die Vernunft wieder auf den Thron zu setzen; wenn sie in ihrer Ueberzeugung gestärkt und von ihrem Betruge überführet wird.

Ich habe diese allgemeine Theorie des menschlichen Herzens wegen ihres Einflusses auf die Bildung desselben vorausschicken müssen, und ich gehe nun zur Beschreibung des sittlichen Zustandes des jugendlichen Herzens fort.

Man findet also diesen vorausgeschickten Grundsätzen nach in dem Herzen eines Kindes eine Mischung von guten und bösen Neigungen. „Das menschliche Herz ist, „(besonders in der Jugend *), wie Herr Toussaint sagt, „ein Bretspiel mit einer gleichen Anzahl weißer und schwarzer Felder durchsetzt; nachdem diese oder jene mehr oder „weniger sichtbar sind, je nachdem verdienet es Lob oder „Tadel. Lauter weiße hat es niemals; aber auch, setze „ich hinzu, niemals lauter schwarze.

Der Keim des Bösen grünt im Herzen: aber auch die Saamenkörner des Guten liegen in demselben verborgen. Findet ein Führer das Herz seines Eleven so, daß es selbst noch nicht weis, was es will; findet er seine Neigungen noch zu keinem eigentlichen Tone gestimmt; findet er es noch im Gleichgewicht und im Stande der Neutralität zwischen Tugend und Laster: so ist er noch immer glücklich: so kann er ihm leicht das Uebergewicht zur Tugend geben, und einem weisen Arzte gleich, durch geschickte Mittel die noch schwachen Kräfte guter Neigungen stärken und ihren Wachsthum beschleunigen, um hiedurch, wie durch ein langsam bereitetes Gegengift das Gift böser Neigungen nach und nach zu tödten.

Jedoch! dies ist nicht immer der Fall! Das Herz der meisten bekommt in seiner zartesten Jugend durch böse

*) Siehe die Vorrede zur Histoire des passions.

böse Gesellschaften und Gespräche, durch anstößige Beyspiele, durch das unvernünftige Betragen und oft wohl gar durch das Beyspiel der Aeltern ein Beyspiel, welches, weil sie dieselben fast in ihrer Einbildung vergötterte, eine unwiderstehliche Macht des Eindrucks auf sie hat, ein böses Gepräge, welches die Zeit immer tiefer eingräbt, und lebhafte Bilder, von einigen falschen Grundsätzen unterstützt, endlich zum herrschenden Charakter machen.

Schon Nahrungssäfte genug, um den Keim des Bösen reifen zu machen und den Saamen des Guten dadurch, wie durch das Unkraut zu ersticken. Ist man etwas aufmerksamer auf die erste Erziehung, so wird man noch mehrere Ungereimtheiten entdecken, und sich um so viel weniger wundern, wenn man oft in einer noch sehr zarten Seele das Uebergewicht böser Neigungen findet. Man erreget oft recht muthwillig widrige Leidenschaften in einem Kinde. Man beleidiget es durch einen anstössigen Scherz oder durch Verweigerung einer unschuldigen Sache zu seinem Vergnügen. Es fühlt das Beleidigende derselben und geräth in einen Zorn. Sein Geblüt geräth dadurch in eine Bewegung und Wallung, die ihm durch öftere Wiederholungen natürlich, und endlich ganz unwiederstehlich wird.

Man bewilligt einem Kinde alles. Es versucht sich unabhängig zu machen, und gewöhnet sich, ohne Unterschied des Guten und Bösen und nach einem gewissen Eigensinne zu handeln. Es trotzt, es pocht, wenn man ihm zuwider ist, und setzt sich über alle Gesetze des Gehorsams hinweg. Es wird älter. Man bemerkt bey ihm eine Neigung zur Familiarität mit dem Gesinde und

Leuten von niederem Stande. Man glaubt es für dieser Niederträchtigkeit zu verwahren, wenn man ihm viele hohe Ideen von seiner Geburt, Stande und Vorzügen beybringt, und flößet ihm dadurch Hochmuth und Stolz ein. Es gewöhnet sich auf andre mit einer Miene voll Verachtung herab zu sehen, und glaubt wohl gar durch die Höhe seines Standes berechtigt zu seyn, sie ungestraft beleidigen zu können. Es beleidiget ein andres Kind. Man verweiset es ihm nicht, oder wenn es ja geschiehet, auf eine Art, die nicht Unwillen genug zu erkennen giebt.

Es siehet, wie man sich der klagenden Dürftigkeit entziehet, wie hart man einen Bettler abweiset. Wie leicht verliert sich dadurch bey ihm, da es den Handlungen älterer Personen und insbesondere seiner Aeltern einen so großen moralischen Werth zutrauet, das Mitleiden, das dem Herzen der Jugend so natürlich ist; wenn auch der Stolz, der allezeit mit einer Art der Grausamkeit verbunden ist, dasselbe noch nicht unterdrückt hätte.

Es hört und siehet, mit wie wenig Hochachtung und Demuth man mit Gott im Gebete redet, da man sich doch seinem Throne nicht ohne eine reine Erschütterung von tiefster Ehrfurcht nähern sollte; und wie leicht und in was für spielenden Ausdrücken man von seinem heiligen Worte redet. Und was ist es Wunder, daß sich unvermerkt eine Gleichgültigkeit und Leichtsinnigkeit gegen Gott und Religion in sein Herz einschleicht, die nachher kaum durch die erhabensten Vorstellungen von der Macht, Größe, Gerechtigkeit und Heiligkeit dieses höchsten Monarchen und Richters wieder auszurotten ist.

Und wer kann die mannichfaltige Art der Vernachläßigung der Erziehung der zarten Jugend alle zählen.

Je

Je größer das Uebergewicht der bösen Neigungen und je mehr also schon das Herz vom Laster besieget ist: jemehr Mühe, Kampf und Ueberwindung kostet es, ihnen die entgegengesetzte Richtung und endlich den Ausschlag zu geben. Wieviel vorhergesetzte tugendhafte Handlungen sind nicht nöthig, um das Laster zu entkräften, und ihm seine Herrschaft zu nehmen. Und ob gleich hier nicht eben so viele Gegenwirkungen, Reactionen der Tugend nöthig sind, als vorher das Herz durch lasterhafte Handlungen gefesselt ist; so gehöret doch eine gewaltig starke Intension der Kräfte dazu, um es zu zerstören. Und wie schwer ist es, die Kräfte und Triebfedern des Herzens auf einen so hohen Grad zu spannen? Durch wie viel vorhergehende, starke, lebhafte und überzeugende Vorstellungen von dem Werthe, Nothwendigkeit und Glücke der Tugend, muß nicht dieselbe bewirkt werden. Ich rede hier itzt noch mehr als Weltweiser, als wie Christ!

Jedoch auch in einem solchen Herzen ist noch immer eine Mischung von bösen und guten Neigungen. Und da das Uebergewicht der erstern sich mehr auf Irrthum, Vorurtheil, Beyspiel und Gewohnheit; als auf Bosheit und Vorsatz gründet; da ohnedem das jugendliche Herz noch keine so labyrinthischen Gänge hat: da es noch keiner so mannichfaltigen und zusammengesetzten Verwickelungen fähig ist, als das Herz eines Menschen, der schon seine Vernunft zum Laster mißbraucht, der arglistig ist: da überdies ein jugendliches Herz gar zu viele Oeffnungen hat und gar zu leicht seine geheimen Triebfedern verräth: so kann man ihm allezeit leichter beykommen, es mit leichterer Mühe zur Zurückkehr der Tugend bewegen, als das Herz eines Men-

Menschen, das schon ganz vom Laster erobert ist, und wo sich dieser Feind, um desto sicherer herrschen zu können, hinter so viele Schanzen und Barrieren versteckt hat.

Wie eingeschränkt ist also der Nutzen und Gebrauch solcher Bücher zur Erziehung, die nicht auf diesen Fall zugleich, sondern nur auf ein noch nicht verdorbenes Subject gerichtet sind.

Feders *) sonst vortreffliches Buch, der neue Emil, fängt die Bildung eines jungen Menschen an, der von der zartesten Kindheit an, gegen alle böse Eindrücke, als gegen ein tödtendes Gift verwahret; der unter der Aufsicht und Führung eines Frauenzimmers von einem gesetzten Charakter, das nicht wenig Einsichten besaß und von einer ungeheuchelten Furcht und Liebe Gottes beseelet war, erzogen worden. Er hatte das Glück, einen Vater ohne Beyspiel zu haben, einen Mann, aus dem eine durch Erfahrung reife Vernunft, nicht Tugend und ein göttliches Gefühl von Weisheit und Religion sprachen, der ihm seinen Führer auf eine recht rührend-feyerliche Art übergab, und ihm vor allen Dingen seinen Sohn mit dem himmlischen Gefühl der Religion zu beleben, anempfahl.

Wie viel kann wohl ein jedes Zeitalter solcher Emile aufstellen?

Und für wie wenige Eleven sind also diese darauf gegründete Vorschläge anpassend!

Wenn ich also hier einen Eleven voraussetze, dessen Neigungen noch zu keinem Tone eigentlich gestimmt sind, dessen

*) Das Gerücht sagt wenigstens, daß Herr Feder Verfasser von diesem Buche, das mit nicht wenigem Beyfall aufgenommen worden, sey.

dessen Herz noch im Gleichgewicht ist; oder bey dem sich auch schon ein kleiner Hang zum Bösen findet; wenn ich unter diesem Gesichtspunkte den Plan zur Bildung eines jugendlichen Herzens zeichne: so hoffe ich, daß ich mich hier nicht in zu enge Gränzen setze.

Das zweyte Kapitel.

Tugend und Religion.

Um die Tugend in ihrer natürlichen Gestalt, reizenden Schönheit und ihrem ganzen Umfange, um sie in dem himmlischen Glanze und der göttlich erhabenen Würde, welche sie durch die Religion erhält, zu zeigen, würde ich mich zu weit in das Feld der Sittenlehre wagen, ja dasselbe ganz durchwandern müssen; eine Ausschweifung, die mich zu weit von meiner Absicht entfernen würde, welche nur diese ist, durch eine kurze Vergleichung zu erweisen, daß sie allein der Mittelpunkt so der Wünsche und Neigungen unsers Herzens, wie der Einsichten unsers Verstandes zu seyn verdienet, weil sie allein die Quelle unsrer Beruhigung und Glückseligkeit ist.

Da die sittliche Ordnung des Herzens, nach dem ewigen Grundbegriffe der Vollkommenheit, die in der Zusammenstimmung des Mannichfaltigen zu Einem bestehet, nichts anders, als die vereinigte Richtung aller Neigungen zu einem beglückseligenden Hauptgegenstande ist; so ist also nöthig, daß man sich mit genau prüfendem Geiste nach demselben umsehe. Und wie muß derselbe beschaffen seyn?

Es muß ein Gegenstand seyn, welcher unsre Eigenliebe, das Verlangen nach Glückseligkeit befriedigt, welcher unsre Wünsche, Begierden und Neigungen ersättigt. Noch mehr! da die Natur dieser Eigenliebe einen eben so heftigen und unüberwindlichen Trieb zur Unsterblichkeit zugesellet, ein Trieb, dessen Stillung um so gerechter ist; da sich unser ganzes Seyn gegen den Gedanken der Vernichtung empört, und uns so viele andre Gründe von der Ewigkeit unsrer Fortdauer überzeugen, ich geschweige itzt, daß die Religion demselben zum höchsten rechtfertiget, da sie ganz auf diese Lehre, als auf ein Fundament, mit dem sie entweder stehen oder fallen muß, gegründet ist: so muß ein Etwas seyn, das unsre bis in die Ewigkeit reichenden Wünsche beruhigen kann, ein Gut von unendlichem Werthe ohne Schranken der Dauer seyn.

Dies sind die Grundzüge des Charakters des Gegenstandes, der aller unsrer Wünsche und Bemühungen würdig ist.

Man sehe sich also aufmerksam um, man forsche, man prüfe, man verwerfe, man erwähle. Man messe die Sachen, die man Güter, und deren Besitz man Glückseligkeit nennet, und worauf gemeiniglich unsre Neigungen sich richten, mit diesen wesentlichen Trieben; man überlege, ob sie den bestimmten Werth zur Befriedigung derselben haben, oder nicht. Wollust, gute Tage, Reichthum, Ehre, Ansehen, Nachruhm, Orden, Zepter, Thronen sind es, die gemeiniglich diesen Titel führen, weil sie für die Sinnlichkeit viel reizendes und bezauberndes haben?

Sind sie aber desselben würdig? Ist ihr Gepräge ächt? Halten sie den Probierstein aus? Haben sie mit

dem

dem Maaßstabe der Unendlichkeit einerley Länge? Lasset uns dieses erforschen, damit wir diese Güter nach ihrem wahren Werthe kennen lernen. Lasset uns mit einem Gellert von einem Cleant zu einem glücklichen Lupin, von Lupin zum Alcest gehen.

Reichthum und Ueberfluß? Sättigte dieser die Begierden: so würde ja doch Cleant einmal seinen schmutzigen Bemühungen ein Ziel setzen; so würde ja nicht nach dem Maaße, nach welchem sich seine Güter häufen, sein Hunger zunehmen. Man gebe ihm mogolische Schätze, so wird er die Schätze von China und Peru begehren; man gebe ihm diese; so wird er die Reichthümer beyder Indien wünschen, bey dem Besitze derselben wird er dennoch über Armuth klagen, und endlich würde die ganze Welt zu arm seyn, ihn reich zu machen. Und wird ihn nicht bey diesem allen Unruhe und Furcht des Verlustes quälen?

Cleant, der reichste Mann, wird der zufrieden seyn?
So ruh' ich eher nicht, bis Schätze mich erfreun.
Ich geh' ihm heimlich nach. Er zählt und lacht im zählen.
Des Kastens Thüre knarrt, vor dem er schmachtend kniet.
Cleant erschrickt, springt auf und sieht sich um und sieht.
Die Kammer zehnmal durch, greift zitternd auf das Bette,
Ob sich vielleicht der Dieb darinn verborgen hätte.
Er findet nichts und geht. Tiefsinnig geht er fort,
Mißtrauisch kehrt er schnell nach dem verlaß'nen Ort,
Und greift an jedes Schloß und reißt, um zu erfahren,
Ob sie verschlossen sind, wie sie verschlossen waren.
— — — — — — — —
Ein Mann, der mehr besitzt, als oft kein Prinz besessen,
Ißt sich nicht satt und läßt sein Weib nicht satt sich essen?
Nichtswürdiger Cleant, du solltest glücklich seyn?
Du deines Schatzes Knecht. Nein! er ist deine Pein.

Bestraf

Bestraf mich nicht, o Gott! mit Schätzen dieser Erden,
Um ein Unseliger, um ein Eleant zu werden.

Wollust? Fraget jenen Wollüstigen, ob er nicht allemal nach dem jedesmaligen Genuße seines Vergnügens das nie Ersättigende desselben fühlt, ob es nicht allezeit einen Stachel des Mißvergnügens in seiner Brust zurück läßt; ob nicht hier, wenn ja Ersättigung zu nennen ist, dieselbe Ekel st. Und wie kann ohnedem ein Vergnügen, das den Körper zerrüttet und durch eben diese Zerrüttung den Geist in Unordnung setzt und seine Kräfte zerstöret, wie kann ein solches Vergnügen Glückseligkeit seyn?

„Alcest ist reich und jung, genießt, was er besitzt.
„Und sorgt, man rühmts ihm nach, daß es auch Freunden nützt.
„Kein Geiz, kein Weib, kein Sohn, stört ihn in seinen Freuden,
Kein Neid, wie könnte man den, der gern giebt, beneiden.
Sein Haus ist eine Stadt und jeder Tag ein Fest?
Wenn niemand glücklich ist: so ists vielleicht Alcest.
Jtzt zeigt mir ihn mein Freund. O welch ein blaß Gesichte
Wie kraftlos geht der Mann! — — — —
— — — — — — — —
Alcest ist mißvergnügt und will es doch nicht seyn.
Er ißt, ihm ekelt schon. Er trinkt, ihm schmeckt kein Wein,
— — — — — — — —
Ach! sprach er einst zu mir; ich bin mir selbst verhaßt:
Der Reichthum heißt mein Glück und ist doch meine Last.
Pracht, Ansehen, Macht und Kronen!

Lasset einen Semnon von einer Ehrenstufe auf die andre steigen. Lasset ihn sich auf den Gipfel der Macht geschwungen haben, und sich hier wie einen Halbgott angebetet sehen. Gebet ihm die Gewalt eines Tyrannen, der unzählbare Myriaden von Sklaven mit einem Winke

regiert

regiert und nun fragt ihn, ob er ersättiget sey. Er wird euch aufrichtig gestehen müssen: daß er noch eine große Leere in seiner Seele finde, zu deren Ausfüllung er aufs neue seine Kräfte aufbietet. Lasset einen Alexander nach so vielen herrlichen Siegen mit seinem furchtbaren Heere über ganz Asien daherrauschen, lasset ihn sich in allen Staaten prahlende Ehrensäulen und Triumphbogen errichten, und sich allenthalben vergöttert sehen. Sollten wohl seine Wünsche gestillet seyn?

Weit gefehlt! Würde er sonst jenes Meer mit Thränen benetzen, daß der Himmel hier keine Brücke zur Fortsetzung seiner Eroberungen gebauet?

Lasset die ganze Welt einen Raub seiner Siege werden: so wird er nach einer neuen Welt fragen, um sich daselbst Trophäen zu holen.

Aber der Nachruhm! Ja ist noch etwas unter allen diesen wünschenswerth: so ist es ein Ruhm edler und großmüthiger Thaten, der uns selbst überlebt.

Aber, ist er nicht, wie überhaupt das, was wir Ehre nennen, ein Gut außer uns, welches in der unsichern Meynung und Einbildung anders wirklich ist? Ist wohl irgendwo die Welt unbilliger und partheyischer als hierinn? Und wie bald erlöscht das Andenken auch der erhabensten Heldenthaten der Tugend! besonders, wenn jemand nach uns im neuen Glanze auftritt! Wie kaltsinnig gehet man oft bey den prächtigsten Denkmälern, zur Verewigung der Urne des Helden, des Gelehrten, des Staatsmannes errichtet, vorüber!

Nicht Ruhm, noch Ueberfluß kann unsre Wünsche stillen;
Von beyden steht auch keins allein in unserm Willen.

Was beydes unserm Geist gab und zu geben schien,
Rührt seine Fläche nur und dringt nicht selbst in ihn.
Ein Gut, das glücklich macht, muß, solls mich wahr entzücken,
Nicht unbeständig seyn und für den Geist sich schicken.
Habt Wollust, Ruhm und Macht; ihr habts und wünscht noch mehr,
Noch immer bleibt ein Theil in eurer Seele leer.
Und dieser leere Theil, für wen ist er beschieden?
O Tugend giebst du denn vielleicht den Menschen Frieden?

Ja die Tugend, die Tugend nach der Vernunft und Religion giebt allein dem Menschen den vollkommensten Frieden. Sie, die uns gebietet, allen unsern Bestimmungen würdig zu handeln, macht uns dem Urbilde aller Vollkommenheiten, unserm Schöpfer ähnlich, leitet uns zu ihm, unserm Ursprunge, vereinigt uns mit ihm und in ihm mit dem Gute, das aller unsrer Wünsche, Begierden und Leidenschaften würdig ist, zu dem Gute aller Güter, zu dem Kleinod von unendlicher Dauer und von ungemessenen Werthe.

Sie, die Tugend, versetzt unsern Geist in seinen Ruhepunkt, unsern unsterblichen Geist, der gleich einer Magnetnadel, die nur in der Richtung gegen den Pol ihre Ruhe findet, nicht eher ruhen kann, als bis er zu seinem Ursprunge gerichtet ist. Die Tugend muß also der Brennpunkt aller unsrer Neigungen seyn.

Ja Mensch erwirb sie dir, so wirst du ruhig seyn.
Sey weise, lieber Freund, schränk die Begierden ein.
Wahr ists, die Kunst ist schwer, sich selbsten zu besiegen:
Allein in dieser Kunst wohnt göttliches Vergnügen.
Dein Wunsch ist Ueberfluß, doch eh' du ihn noch stillst,

Ver-

Verfliegt ein Leben schon, das du genießen willst.
Was suchst du viel? O lern, was du nicht brauchest, melden,
Und was du hast, genieß. Die Welt ist reich an Freuden:
Du aber bist zu schwach, die Freuden auszuspähn,
Und glaubst, wo tausend sind, kaum eine nur zu sehn.
Gönn jedem gern sein Glück: Lern vortheilhaft empfinden.
Und in der andern Glück ein Theil von deinem finden.
Dein warf die Schickung viel, dir aber wenig zu,
Ist jener glücklicher, der reicher ist, als Du?
Du denksts und lügest dir. Steig glücklich auf die Thronen,
Du wirst des Thrones Glück doch fühllos bald gewohnen,
Und sehn, daß jener dort, den eine Hütte umschließt,
Der wenig hat und braucht, drum noch nicht elend ist.
Und oft, wenn ihn ein Quell nach strenger Arbeit kühlet,
Mehr Wollust bey dem Quell, als bey dem Weine fühlet.
Entbehrt er eine Lust, die dir der Reichthum schenkt;
So kränkt ihn das auch nicht, was dich als Reichen kränkt.

Das dritte Kapitel.

Von der Methode oder denen daraus hergeleiteten Mitteln, das Herz zur Tugend zu bilden.

Die Erkenntniß geht durch Empfindung zur Handlung über.

Ein ewiger Grundsatz, worauf die ganze Bildung des Herzens, wenn sie der Natur unsrer Seele angemessen seyn soll, beruhen muß.

Nach der Erkenntniß richtet sich die Empfindung, nach der Empfindung die Handlung. Da aber nicht eine jede Erkenntniß zur Empfindung, nicht jede Empfindung zur

Handlung hinreicht; so entsteht hier eine doppelte sehr wichtige Frage:

1) Wie bringt man die Erkenntniß bis zu dem Grade der Stärke, daß sie in Empfindung übergehet und

2) Wie bringet man die Empfindung zur Wirksamkeit in Handlungen. Ist der Verstand so unterrichtet, daß seine Erkenntniß in Handlungen wirksam ist: so nennet man sie eine lebendige, thätige und fruchtbare Erkenntniß.

Hieraus ergiebt sich also deutlich, daß die ganze Bildung des Herzens zur Tugend und Religion auf die rechte Art des Unterrichtes des Verstandes ankomme.

Alle Wahrheiten haben einen Einfluß auf unsre wahre Glückseligkeit, folglich auch auf das Mittel derselben, die Tugend: dies heißt: In jeder Wahrheit liegt eine Kraft, uns zur Tugend zu bewegen, dieselbe in uns anzufachen, oder die Liebe zu derselben im Feuer zu unterhalten. Nach dem Maaße dieses Einflußes ist der wahre Werth einer Wahrheit zu bestimmen. Jedoch die eine Wahrheit äußert denselben mittelbar, die andre unmittelbar. Die eine wirkt durch sich selbst, die andre durch eine Reihe andrer Wahrheiten, mit welchen sie verkettet ist, auf unser Herz. Bey einigen ist also diese Kraft verborgen, bey andern einleuchtend. Die großen Wahrheiten von Gott, von seinen Eigenschaften, von seiner Vorsehung und meist alle Wahrheiten der geoffenbarten Religion gehören zur letztern Classe. Diese äußern bey ihrer Ueberzeugung eine sanfte Macht auf unser Herz, der es nicht widerstehen kann. So flößet uns die Ueberzeugung von der Gerechtigkeit und Heiligkeit des unendlich

endlich mächtigen Wesens eine ungemessene Ehrfurcht ein, die lebhafte Vorstellung seiner Allwissenheit gewöhnet uns nach und nach zur Vorsichtigkeit und Behutsamkeit in unsern Gedanken, Worten und Handlungen; die Empfindung seiner Güte und großmüthigen Wohlthätigkeit bestimmt uns zur Ergebung und Aufopferung, und die Gewißheit einer alles nach den Grundgesetzen der höchsten Weisheit regierenden Vorsehung präget unsern Herzen ein unüberwindliches Vertrauen und Hoffnung ein.

Diese Wahrheiten sind es, worauf sich alle andre, als auf ihren gemeinschaftlichen Mittelpunkt, gleich den Rädern eines Cirkels beziehen; und dieser Mittelpunkt ist also zugleich der Befestigungspunkt der Tugend und der Ruhepunkt unsers Herzens. In so fern nun alle Wahrheiten in einer natürlichen Verbindung mit diesen Hauptwahrheiten stehen und mit ihnen eine Kette ausmachen; insofern haben sie einen Einfluß auf unser Herz. Ich könnte hier dieses Verhältniß aller Wissenschaften auf diesen Mittelpunkt zeigen. Der Naturlehre, der Meßkunst, der Seelenlehre u. s. w. wenn ich nicht voraussetzte, daß jeder Lehrer dasselbe zu übersehen im Stande wäre.

Man kann aber auch hier, wie in allen Sachen, zu weit gehen, auf Thorheiten gerathen, (wie jener Mitarbeiter einer hällischen Wochenschrift *), der alle Wissenschaften in hieroglyphischen Gestalten bey der Krippe des Erlösers erscheinen und hier auch sogar in einem ascetischen Enthusiasmus die Hydraulik, Hydrostatik, und wo ich nicht irre, auch die Algebre huldigen läßt) und dadurch einem Swift Stoff zu einer erbaulichen Betrachtung

*) Siehe den Christen am Sonntage.

über einen Besenstiel geben. Man verzeihe mir diese kleine Anecdote!

So wie also überhaupt Natur und Religion die grossen Quellen sind, woraus der Verstand schöpft: so sind sie es auch für das Herz.

Durch die lebendige Erkenntniß dieser Wahrheiten das Herz zur Tugend bilden: das bleibt immer die Hauptregel, die man geben kann.

„Sowohl eine gelehrte als artige Erziehung, sagt „ein vortrefflicher Richardson, haben nur in so fern einen Werth, als sie zur Verbesserung der menschlichen „Seele abzielen und weise und gut machen.

Durch den Unterricht des Verstandes, wenn er ist, wie er seyn soll, werden also, überhaupt davon zu reden, die Neigungen gerichtet, die bösen in ihrem Grunde entkräftet und geheilet, die guten in ihrer Wurzel gestärkt, und da nach Voraussetzung des im Anfange dieses Kapitels angeführten Grundsatzes die Erkenntniß nicht anders, als durch Empfindung, und zwar durch einen bestimmten Grad desselben zur Handlung übergehet: so kommt es hier hauptsächlich darauf an:

1) Daß der Verstand nicht nur von seinen Pflichten, und zwar in allen Verhältnissen, und von der Natur der wahren Tugend und Religion gehörig unterrichtet: sondern auch

2) diese Erkenntniß auf den Grad der Empfindung gesetzt werde, daß sie lebendig, wirksam und fruchtbar in den Tugenden sey. Und weil sich schon in frühen Jahren die Oberleidenschaft äußert, und weil dieselbe bey ihrer rechten Richtung und Lenkung ein eben so starkes Beförderungs-

*) Siehe den Sir Carl Grandison.

derungsmittel der Tugend werden kann, als sie bey ihrer unrechten Richtung und Ausschweifung ein Hinderniß derselben ist: so werde ich

3) besondre Regeln geben, sie zu bestimmen und sie gleichsam in das Interesse der Tugend und des Herzens mit einzulenken. Dieses werden also die 3 Abschnitte unsers Kapitels seyn.

Der erste Abschnitt.

Vom Unterricht des Verstandes von Pflicht, Tugend und Religion überhaupt.

Mit der Heilung der moralischen Uebel hat es fast gleiche Bewandniß, als mit der Heilung der physischen. Ein kluger und rechtschaffner Arzt, dem es darum zu thun ist, die Krankheit aus dem Grunde zu heben, lässet es seine erste Bemühung seyn, mit der größten Sorgfalt das Uebel und die Unordnungen der zerrütteten Maschinen des Körpers zu untersuchen und den wahren Grund derselben durch genau angestellte Erfahrungen zu erforschen. Er sucht darauf die Ursach des Uebels zu heben, die Maschine wieder in Ordnung zu bringen, denen geschwächten Kräften eine heilsame Nahrung zu reichen, und ihnen dadurch noch ihre vollkommene Stärke wieder zu geben.

So ist ein Führer ein Arzt eines kranken Herzens. Den bestimmten sittlichen Zustand seines Eleven genau zu erkennen und durch angestellte Erfahrungen die Triebfedern seiner Handlungen zu erforschen, lässet er daher seinen

stammet die gewaltige Macht der Beyspiele über ihr Herz. Da sie allen Handlungen der Personen von Ansehen, Rang und Einsicht, gegen welche man ihnen von zartester Jugend auf Ehrfurcht und Hochachtung eingeflößet, einen entschiedenen moralischen Werth beylegen; da sie in der Meynung stehen, alles, was sie von denselben hören und sehen, sey gerecht, billig und erlaubt, da sie besonders ihre Aeltern und Vorgesetzten als Halbgötter verehren; so halten sie sich nicht nur berechtigt, sondern auch verbunden, in allem ihre Nachfolger zu seyn. Sie werden mit einem Worte durch dieses Vorurtheil und Beyspiel hingerissen.

Wie kann man nun ein solches Vorurtheil entwurzeln, ein Beyspiel entkräften, ohne dadurch die Person, von der sie sich herleiten, verdächtig zu machen, ihnen Mißtrauen gegen sie einzuflößen und sie in ihren Augen zu verkleinern, besonders, wenn es Personen sind, deren Verhältniß sie zu Ehrerbietung und Gehorsam verbindet, wenn es gar Aeltern seyn sollten, durch deren Beyspiel sich ein Kind berechtigt oder doch entschuldigt finden sollte, so oder so zu handeln; wie kann man, sage ich, diesem Vorurtheil und Beyspiel die Macht benehmen, ohne das Ansehen der Aeltern einigermaßen zu untergraben, und ohne den Verbindlichkeiten des Kindes das Gewicht zu nehmen?

Kritischer Fall! Schwere Beantwortung! Jedoch, ich will sie versuchen. Um dieses so viel, als möglich, zu vermeiden, kann man wohl nicht anders handeln, als wenn man die Sache selbst wirklich und zwar nach der Strenge, wie sie es verdienet, tadelt, und sie als verabscheuungswürdig vorstellt, um ja nicht eine Gleichgültigkeit bey ihnen einzuführen; doch aber, so viel als möglich, die Person selbst entschuldigt, ihre Fehler von der besten Seite betrachtet, und sie für Wirkungen der Uebereilung und Unvorsichtigkeit ausgiebt, um auf diese Art zugleich die Lieblosigkeit im Urtheilen zu vermeiden. Gesetzt, ich hörete, daß ich ein Beyspiel gebe, daß sich mein Eleve zum Fluchen, zum Schelten und Schwören gewöhnte, gesetzt, daß sich dieses bloß auf das Beyspiel eines Mannes, dem er Ehrfurcht schuldig ist, stützte: gesetzt, daß er sich wohl gar bey meiner Bestrafung zu seiner Entschuldigung darauf beriefe; Was wäre zu thun? um ihm einen verdienten Haß gegen das Laster beyzubringen, ohne zugleich die Person zu verkleinern? Ich würde ihm seinen Einsichten gemäß das Schändliche, Unerlaubte, Sündliche und Unanständige des Fluchens zeigen: doch aber die Person damit entschuldigen, daß sie es vielleicht nicht mit Ueberlegung und Vorsatz, sondern aus Uebereilung, und wenn es öfters geschehen, aus angenommener Gewohnheit, folglich ohne Bewußtseyn geschehen sey; ich würde ihm das Interdum etiam bonus dormitat Homerus, große Leute fehlen auch, vorzustellen suchen.

Aber wie? wenn es Laster sind, die auch aus diesem Grunde gar keine Entschuldigung verdienen? Gesetzt, ein Kind, welches doch sonst das Verhalten seiner Aeltern zur Richtschnur seiner Handlungen anzunehmen verbunden ist, bemerkte bey denselben einen Mangel der Hochachtung, Ehrfurcht und Andacht, oder wohl gar eine Leichtsinnigkeit und Spötterey bey gottesdienstlichen Uebungen, z. E. beym Gebet, und es gewöhnete sich ihnen hierinn ähnlich zu werden.

Pflicht

Pflicht und Gewissen erlauben nicht, die Bestrafung dessen zu unterlassen. Ich würde ihn also unvermerkt durch einige vorausgeschickte ihm faßliche Fragen, auf eine analogische Art, (eine Methode, die überhaupt bey der Jugend und auch hier vornehmlich den Vorzug verdienet) ein Geständniß der Sündlichkeit dieses Lasters ablocken. Ich würde es z. E. fragen:

Wenn sie sich einem großen Fürsten oder sonst einem Mann von Einsicht und Verdienst, der von ihnen mit Recht Hochachtung fordern könnte, darstellen sollten, wie würden sie für ihm erscheinen? In was für einem Aufzuge? Vielleicht mit Nachläßigkeit und Leichtsinnigkeit?

Antwort: Nein! in einem ihm anständigen Aufzuge; mit gesetztem Wesen, mit Ehrerbietung.

Würden sie also wohl für seinen Augen etwas vornehmen, was eine Gleichgültigkeit, oder gar eine Verachtung gegen denselben anzeigen könnte?

Antwort: O nein! Ich würde mich in allen so verhalten, daß ich ihm gefiele . . .

Für wessen Augen erscheinen sie denn, wenn sie beten?

Antwort: Für Gottes Augen.

Wer ist denn Gott?

Er ist mein Schöpfer; mein Wohlthäter; mein Vater und der höchste Oberherr Himmels und der Erden.

Was sind sie denn also diesem Gott schuldig?

Antwort: Die tiefste Demuth, Ehrerbietung, Furcht, Liebe, Dank, Anbetung und Gehorsam.

Wie müssen sie also für dem Throne dieses majestätischen Gottes erscheinen?

Antwort: Nicht anders, als in dieser Gestalt.

Wie

Wie kann und wird es also Gott aufnehmen, wenn sie dieses nicht thun?

Antwort: Für eine Verachtung.

Ja er kann und wird es für eine strafbare Beleidigung seiner Majestät und für eine Art des Aufruhrs ansehen, wodurch wir ihm dasjenige versagen, was wir ihm zu entrichten schuldig sind. Denn, kann ein weltlicher Monarch die Entziehung der schuldigen Hochachtung so ansehen; wie vielmehr der Gott aller Götter, der Monarch aller Monarchen.

Beriefe es sich nun hiebey auf das Beyspiel seiner Aeltern, um sich zu rechtfertigen: so würde ich es, jedoch mit aller Sanftmuth und Bescheidenheit, belehren, daß kein Mensch ganz vollkommen und ohne allen Tadel sey, daß wir also niemanden blindlings nachfolgen dürfen: daß auch selbst seine Aeltern von allen Fehlern nicht frey seyn könnten: daß es aber demohnerachtet von seiner Schuldigkeit, sie zu verehren, ihnen in allen billigen Sachen aus wahrer Liebe Gehorsam zu leisten, nicht losgesprochen sey; weil sie noch immer neben Gott seine größten Wohlthäter blieben, und also nebst eben demselben von ihm die heiligsten Pflichten verdienten.

Freylich wird sich hierdurch ein Führer einigen Unwillen oder wohl gar Haß zuziehen. Allein! was ist zu thun. Er muß entschlossen seyn, wenn es nöthig ist, ein Märtyrer der Wahrheit zu werden: Bey Vernünftigen wird er sich dadurch noch schätzbarer und achtungswürdiger machen, wenn er nur die heiligen Rechte der Wahrheit auf eine nicht beleidigende Art, nicht mit Grobheit, Ungestüm und Poltersucht, wie jener Märtyrer die Wahrheit

heit beym Rabener, zu vertheidigen sucht: denn solche Herolde verschaffen der Wahrheit keine sanfte Aufnahme, solche Sachwalter, die ihr gewiß mehr Abbruch als Vortheil verursachen, will sie nicht haben.

Sie selbst ist reizend und schön genug, sich den Gemüthern zu empfehlen: warum soll man durch vorsetzliche Verunstaltung ihres holden Gesichts, ihr Haß und Widerwillen zuziehen.

Wie soll man sich anders zwischen zweyen Sachen entschliessen, bey deren einer der Verlust so unersetzlich groß, bey der andern so unerheblich gegen denselben ist. Ein kleineres Uebel höret ja auf ein solches zu seyn, wenn es ein Mittel zur Vermeidung eines weit größern ist. Ist es also nicht besser und pflichtmäßiger, die Hochachtung eines Kindes gegen seine Aeltern, die ohnedem nicht blind seyn darf, etwas zu schwächen, und sich dadurch Unwillen und Haß zuzuziehen, als eine Gleichgültigkeit gegen Gott einzuführen, und eben dadurch die Grundlage aller Tugenden wankend zu machen?

Die Wahrheit ist gar zu heilig die Religion gar zu ehrwürdig, als daß man ihr im geringsten etwas vergeben sollte?

Wenn ein Führer seinen Eleven in so betrübten Verhältnissen findet, ist er gewiß bedaurungswürdig. Er hat die größten Schwürigkeiten zu besiegen. Die schlaueste Aufmerksamkeit, unermüdete Geduld, mit sanftem Eifer begleitet, Klugheit und Vorsichtigkeit dürfen niemals von seiner Seite weichen, wenn er sich in diesem traurigen Fall befindet, daß er das, was er heute durch seine Lehren gebauet, morgen durch die Macht solcher Beyspiele wieder

der niedergerissen findet: wenn er das, was er heute gepflanzt, morgen wieder ausgeraufet findet. Wie vorsichtig sollten also nicht alle Aeltern seyn, mit was für einer Wachsamkeit über sich selbst sollten sie alle Gelegenheiten und Gespräche vermeiden, wodurch sie ihren Kindern ein Aergerniß und gleichsam ein tödtendes Gift für die Frucht ihres eigenen Leibes werden könnten.

Die Natur des menschlichen Herzens ist so geartet, daß eben dasjenige, was ein Entkräftungsmittel böser Neigungen ist, auch zugleich ein Stärkungsmittel der guten wird. So wie, wenn das Grundübel, (materia peccans) einer Krankheit weggeschafft und nun das ganze Triebwerk des Körpers wieder in Bewegung gesetzt ist, die Kräfte desselben von selbst durch ihre Wirksamkeit wachsen: so erheben sich auch nach und nach die guten Neigungen, nachdem die bösen entkräftet, nachdem das Herz von der Macht des Vorurtheils und der Beyspiele entfesselt, und also die sittliche Krankheit aus dem Grunde gehoben worden. So wie es aber ein kluger Arzt hiebey nicht bewenden lässet, sondern die noch schwachen Kräfte zu ihrer Wirksamkeit durch weislich ausgesuchte Mittel zu unterstützen sucht; damit sie den Rest des Uebels hinwegschaffen: so muß sich auch aus gleicher Absicht ein Führer bemühen, die geschwächten Neigungen des Kindes durch sorgfältigst ausgesuchte Mittel zu unterstützen.

Da nun die Jugend in diesen Jahren noch keiner Vorstellungen von weitem Umfange fähig ist, da der Krais ihrer Beschäfftigungen noch sehr enge und ihr Verhältniß noch sehr einfach ist: so würde es thöricht seyn,

wenn

wenn man ihnen eine weitläuftige Erkenntniß von Pflicht, Tugend und Religion, wenn man ihnen eine vollkommene Moral beybringen wollte. Ihren Verstand daher durch wenige Grundsätze zu bilden, einfache und unmittelbare Folgen für das Herz daraus herzuleiten, und sie mit belebenden Bewegungsgründen zu unterstützen, ist daher für diese Jahre genug.

Es ist genug, wenn man sie nur überhaupt wissen läßt, wer sie sind. Woher sie sind. Wozu sie bestimmet sind.

Wer sie sind! daß sie Menschen, vernünftige Geschöpfe, theils Geist, theils Leib sind; daß sie folglich das Wohl beyder zu besorgen; aber daß ihnen doch das Glück und die Wohlfahrt des Geistes mehr am Herzen liegen müsse: daß sie sich bemühen müssen, nie anders, als vernünftig zu handeln.

Woher sie sind! daß sie, so wie die ganze Welt, von dem Urheber aller Dinge abstammen: daß sie nichts sind, ohne ihm; daß sie also ganz mit Leib und Seele und allen ihren Kräften sein Eigenthum, daß dieser ihr Schöpfer zugleich ihr höchster und großmüthigster Wohlthäter sey: daß sie ihn also aufrichtig lieben und dankbar seyn, daß sie diese Liebe und Dankbarkeit aber nicht anders zu erkennen geben können, als dadurch, daß sie ihn von Herzen verehren, gehorsam seyn und sich ihm ganz ergeben.

Daß die Welt ohne dieses mächtige Wesen, ihren Urheber, so wenig bestehen könne, als sie ohne denselben ihr Daseyn habe: daß es also die Welt regiere und zwar nach seiner Gütigkeit, nach welcher es alles nicht anders, als wohl machen kann; daß wir also alles Gute, alle

Hülfe in der Noth und alles, was wir bedürfen, von ihm gewiß erwarten können und müssen, daß, ob er gleich alles wisse, er dennoch wolle, daß wir ihm unser Anliegen und Wünsche vortragen, das ist, beten sollen: daß wir also diesen Gott durch Zweifel, Mißtrauen und Unzufriedenheit entehren und seine Gütigkeit verleugnen.

Daß, da alle Menschen von ihm herkommen, er auch als aller Vater zu betrachten sey; daß wir uns also als Kinder unter einander lieben, uns dienen und wohlthun; folglich nicht hassen, nicht verfolgen, nicht hart und lieblos reden sollen.

Wozu sie bestimmet sind! Wohin sie gehen! Daß sie nicht, wie die Erfahrung lehret, ewig auf dieser Welt bleiben, sondern durch den Tod in einen andern Zustand kommen werden, der entweder gut oder böse seyn kann: daß diese Zeit die Schule zur Ewigkeit sey, und daß sie dort so erndten werden, wie sie hier gesäet haben.

Man stecke ihnen nach und nach aus der göttlichen Offenbarung ein helleres Licht auf.

Man lasse sie überhaupt wissen, daß sich uns Gott ganz besonders geoffenbaret; Was er für Eigenschaften besitze, wie er von uns verehret seyn wolle; daß er die Welt erschaffen; daß wir ewig leben sollen; daß uns Gott allen den Himmel zugedacht, aber uns auch einen Weg vorgeschrieben, auf welchem wir nur allein in denselben gelangen können. Man lehre sie diesen Weg einigermaßen kennen, und unterhalte sie oft mit lehrreichen Geschichten dieses Buches. Alles dieses muß man ihnen auf eine dialogische Art, durch einen Unterredungsgleichen Unterricht, so gut es die Schwäche ihrer Fähigkeiten

keiten verstattet, beybringen. Stellet man ihnen nun neben der Pflichtmäßigkeit dieser Regeln ihres Verhaltens, Gott, ihren Schöpfer von der Seite seiner Allmacht, seiner unermeßlichen Größe, seiner Allgegenwart und Allwissenheit, von der Seite des großmüthigsten Wohlthäters aber auch des allergerechtesten Richters oft und lebhaft vor: so wird in ihrem Inneren eine Mischung von Liebe und Furcht entstehen, welche die Mutter aller reinen Triebe ist, sie werden mit der aufrichtigsten Ehrfurcht und Hochachtung durchdrungen, sie werden der sanften Macht der Wahrheit nicht widerstehen können, und in ein heiliges Feuer und Glut der Andacht und Dankbarkeit gesetzt werden, welches sie zu den edelsten Handlungen beseelen wird. Die natürlich moralische Kraft dieser Wahrheiten hat schon einige Stärke, ihr zartes und noch nicht so sehr geblendetes und gefesseltes Herz zu bewegen: ich geschweige denn, daß der rege Geist der Religion alles dieses gewiß in ihnen versiegeln, lebendig und fruchtbar machen werde. So bewaffnet man die Jugend gegen alle Verführungen ihres Alters. So pflanzt man den Saamen der Gottesfurcht, der allgemeinen Menschenliebe, der Freundschaft in ihr Herz, und die Erfahrung wird lehren: daß die Furcht Gottes der Weisheit Anfang sey.

Ein solcher Unterricht wird um so viel leichter seyn, je weniger sie in diesen Jahren Grund zur Ueberzeugung fordern, den man ihnen freylich in reiferen Jahren nicht versagen darf. Er wird um so viel fruchtbarer seyn, je weniger man sittlichen Widerstand in ihrem Herzen findet.

Folgende Unterredung würde ohngefähr zum Muster eines solchen Unterrichts dienen können.

Wer sind wir von Natur? Antwort. Menschen. Was ist der Mensch? Er ist ein Thier. Aber ist er nichts mehr, als ein Thier?

Antwort. O ja! Er ist von ihm durch große Vorzüge unterschieden.

Welche sind diese Vorzüge?

Antwort. Er hat Vernunft und Willen.

— — — — — — — —

Wo leben wir denn? Antwort. Auf der Welt.

Sind wir denn immer hier gewesen?

Antwort. O Nein!

Von wem kommen wir denn her?

Antwort. Von unsern Aeltern.

Aber vom wem sind unsre Aeltern?

Antwort. Von ihren Aeltern. Und diese?

Antwort. Auch von ihren Aeltern!

Ja, sollte denn dies von Ewigkeit her so gewesen seyn? Das kann . . . Was meynen sie, wenn eine lange Kette vom Himmel hienge, müßte nicht etwas seyn, woran sie hienge oder eine Hand, welche sie hält?

Antwort. O ja! wenn dieses nicht wäre: so würde sie ja fallen.

Wie können wir uns die Menschen und die ganze Welt vorstellen?

Antwort. Als eine solche Kette.

Was schließen wir also daraus?

Antwort. So muß also jemand seyn, von dem die Welt herkommt.

Und dieses Wesen nennen wir Gott!

Ferner. Wenn sie einen großen und prächtigen Pallast sehen, und sie würden gefragt: Woher er entstanden, was würden sie antworten? Antwort.

Antwort. Daß ihn jemand müsse erbauet haben; Ja, daß er einen Baumeister müsse gehabt haben; denn sich selbst kann er nicht erbauet haben. Durch ein Ohngefähr kann er nicht entstanden seyn.

Von Ewigkeit her kann er nicht gewesen seyn. Und die Welt ist ein solcher Pallast.

Ist die Welt groß? Antwort. Ja sie ist unermeßlich groß.

Wie muß also wohl das Wesen seyn, das sie erschaffen hat?

Antwort. Es muß auch sehr groß seyn. Es muß eine unermeßliche Macht besitzen.

Wenn sie nun in einen Pallast hinein gehen und finden: daß er schön, ordentlich und bequem eingerichtet ist; Was würden sie daraus schließen?

Wie muß sein Baumeister beschaffen seyn?

Antwort. Der Baumeister muß ein verständiger, kluger und weiser Mann seyn.

Wenn sie nun eben dieses von dem großen und unermeßlichen Gebäude dieser Welt finden: Was schließen sie?

Daß Gott auch einen großen und unermeßlichen Verstand, Klugheit und Weisheit besitzen müsse.

Was schließen sie daraus, wenn sie finden, daß alles in der Welt zum Besten der vernünftigen Geschöpfe eingerichtet und bestimmet ist?

Antwort. Daß Gott die vernünftigen Geschöpfe liebet, daß er sie glücklich haben will, und daß er sehr gütig ist.

Ja! wir haben ihn also nicht nur als unsern Schöpfer, sondern auch als unsern höchsten Wohlthäter zu betrachten.

Da uns also Gott glücklich haben will, kann es ihm einerley seyn, wie wir leben?

Antwort. O nein! Er will, daß wir so leben, daß wir glücklich seyn können.

Aber, wer soll denn glückselig seyn, unser Geist oder Leib?

Antwort. Wohl beyde.

Worinn sollte aber wohl das Glück unsers Geistes oder unsrer Seele bestehen?

Darinn, daß wir ihm wohlgefallen oder seine Gnade haben.

Abe ... ie können wir ihm wohlgefallen. Wenn wir ihn von Herzen lieben, ihm für seine Wohlthaten dankbar sind und ihm in allem gehorchen was er befiehlet.

Ist es also wohl Gott einerley, ob wir ihm dienen oder nicht, und wie wir ihm dienen? Antwort: O nein!

Woher wissen wir denn, wie wir ihm dienen sollen? Das . . .

Dies muß ich ihnen sagen. Wir haben ein Buch, das heißt die heilige Schrift. Darinn hat uns Gott selbst vorgeschrieben, wie wir ihn verehren sollen, auf eine ihm wohlgefällige Art, und so, daß wir glückselig werden. Dies Buch sagt uns zugleich: daß dieser unser Leib, ob er gleich stirbt und verweset, doch dereinst wieder auferstehen und wir alsdenn ewig leben werden: daß unser Zustand alsdenn entweder gut oder böse seyn werde, deren ersten sie Himmel, den andern Hölle nennet. Es lehret uns den Weg zum Himmel. Es lehret uns zugleich, daß wir Gott durch Ungehorsam beleidigt und uns seine Ungnade zugezogen, daß er uns aber aus dem edelsten Mitleiden einen Erlöser, seinen eigenen Sohn, Jesum Christum, gege-

gegeben habe, durch den wir uns mit ihm aussöhnen und seine Gnade wieder erlangen können.

Eben dies Buch lehret uns auch, daß wir uns wie Brüder untereinander lieben sollen, weil wir uns alle als die Famille eines Vaters zu betrachten haben.

Und wie billig ist dieses auch; denn wie wollten wir sonst glücklich leben können, wenn wir uns hasseten, verfolgeten ꝛc. · · ·

Da wir also ohne Gott nichts sind; da wir alles aus seiner väterlichen Hand bekommen; da wir so unzählbare Proben von seiner Güte haben ꝛc. so sollen wir ja ganz Demuth, ganz Dankbarkeit, ganz Ergebenheit in seinen heiligen Willen, und ganz Eifer, ihm zu gehorchen seyn; so sollen · · ·

Jedoch! ich will hier aufhören! Ein weiser Lehrer wird diese Betrachtungen schon fortzusetzen und durch rührende Vorstellungen zu beleben wissen.

Daß die Vorstellungen der Religion eine so große Macht über das Herz eines Kindes haben, und die ausgesuchtesten sind, es zur wahren Tugend zu heiligen, darinn ist auch jener Verfasser des neuen Emils mit mir einstimmig, da er den Vater desselben in dem reizendesten Charakter der Rechtschaffenheit, bey der feyerlichen Ueberlieferung seines Kindes an seinen Führer also redend anführet: „Ohne Zweifel billigen sie es, daß man auch „schon an die Religion bey diesem Kinde gedacht hat. „So thöricht es wäre, wenn man in diesem Alter zu„sammenhängende Begriffe von der Gottheit, oder ein „ordentliches Lehrgebäude einem Kinde beyzubringen sich „bemühen wollte: so unverantwortlich scheinet es mir,

„die Gelegenheiten, einen Saamen der Religion in ein „junges Gemüth zu legen und ein zartes Herz zur Ehr„furcht gegen das höchste Wesen zu bilden, muthwillig „zu versäumen. Die Gottheit bleibt immer über unsre „Begriffe erhaben, immer unbegreiflich. Aber, sollte „es derselben unangenehm seyn, wenn ein Kind zwar „nach dunkeln und vielleicht unruhigen Vorstellungen; „aber mit aufrichtiger Andacht sie anbetet? wenn es Re„ligion mehr empfindet als denket? Oder sollte es zu dem „Glück eines Kindes so etwas entbehrliches seyn, bey „Zeiten zur Verehrung desjenigen Wesens angeführet zu „werden, welches die Quelle alles Guten ist. Nur der„jenige, der an dem Nutzen der Religion und an der Ge„wißheit ihrer Wahrheit selbst zweifelt; nur derjenige, „der selbst nicht so glücklich ist, ihren Werth zu empfin„den; nur dieser wird der Meynung seyn, daß man ei„nen Menschen 12 oder mehr Jahre leben lassen solle, „des Glücks, den Namen des Höchsten mit heiligem „Schauer oder mit inbrünstiger Regung zu nennen, sich „unbewußt. Ein Kind ist dieses Glückes nicht unfähig: „gewiß es ist dessen nicht unfähig. Ich erinnere mich „noch der Gottesfurcht meiner ersten Jahre. Sie war „weniger durchdacht, als itzo: aber ich weis nicht, ob „nun meine Anbetung in den Augen des Allerheiligsten „würdiger geachtet ist, als jener einfältige Dienst, jene „redlichen Blicke gen Himmel, jene ersten unausgebil„deten Begriffe von dem, was der Mensch demjenigen „schuldig ist, der alles Schöne, was wir vor uns „sehen, der alles Gute, was wir genießen, gemacht „hat und erhält; der gegen alle Menschen das auf eine „vollkommene Art ist, was der beste Vater gegen sein „Kind ist? Oder ist es etwa schwer durch Vergleichungs-

schlüße,

„schlüsse, einem Kinde von 4 bis 5 Jahren, nach und nach, „fast eben so viel von Gott und seinen Eigenschaften bey- „zubringen, als der Philosoph, bey seinen umständlichen „Beweisen kaum besser erkennt? Ist es so schwer, sei- „nem Gemüthe einzuprägen, daß er einen unsichtbaren „Richter seiner Handlungen zu fürchten habe; ein Ge- „danke, darauf das Heil der menschlichen Gesellschaft be- „ruht? Will man einwenden, daß dadurch das Herz des „Kindes mit Vorurtheilen angefüllet werde, die es mit „der Zeit abzulegen, nicht im Stande seyn dürfte? O „ich fürchte sehr, indem man dieses sagt, hält man die „ganze Religion für ein Vorurtheil! Die Lehrsätze der „Religion werden heut zu Tage gar fleißig geprüft. Man „untersucht bey reifern Jahren gar zu genau, ob die Ge- „bote des Herrn nicht Vorurtheile sind, von denen man „sich losmachen dürfe; und ich bin es zufrieden, daß man „mit einem Menschen, der nun zum völligen Gebrauche „seiner Vernunft gekommen ist, diese Untersuchung an- „stellet. Ich verlange es, daß der Jüngling dasjenige „aus Gründen möglichst begreife, was er als Knabe „aus Vorurtheil geglaubt hat.

„Das ganze Leben der Menschen scheint mir nur „durch die Religion einen wahren Werth zu bekommen. „Sie ist unsre Würde, unser Trost, unsre Stütze im „Unglück und unentbehrlich zum wahren Genusse des „Glücks. Ich muß mein Kind an dieser Glückselig- „keit Theil nehmen lassen, so bald es kann; So redete „der würdigste Vater. Und verdienen nicht seine Ge- „danken den vollkommensten Beyfall?„

Sucht man nun ihrem Herzen, neben dem Saamen der Gottesfurcht und Liebe, eine ächte Empfindung von

Ehre einzupflanzen, das heißt, bringet man ihnen gerechte Begriffe von dem, was wirklich groß, edel, prächtig erhaben und ruhmwürdig ist, bey, lehret man ihnen bey Zeiten die wahre Größe von der Aftergröße des Thoren, den gründlichen Schimmer guter Handlungen von dem falschen Glanze zu unterscheiden, sucht man sie zu überzeugen, daß ihre Handlungen und sie selbst nur durch Gottesfurcht und Tugend groß werden können; machet man das Gefühl der Schaam in ihnen rege, wenn ihre Neigungen und Handlungen die Beschuldigung der Niederträchtigkeit verdienen, stellet man ihnen das kleine, das häßliche, das entehrende derselben für; flößet man ihnen gegen Personen, die einen entschiedenen Werth zur Nachahmung haben, eine Hochachtung und Ehrfurcht ein, preiset man sie ihnen als Muster an und reizt dadurch ihre Begierde zur Nachahmung: so umgiebt man dadurch die Tugend mit einer Barriere gegen Reizungen und Verführungen des Lasters, und sollte nicht das Gefühl dieser wahren Ehre der Jüngling eben so wohl in seinem engen Kreise zu gewissen großen und rühmlichen Thaten begeistern, als die falsche Ehre den Held, Eroberer und Staatsmann zu ebenmäßigen Thaten fähig macht? Das menschliche Herz ist immer in seinen wesentlichen Trieben einerley, und die Verschiedenheit entstehet nur durch die Auswickelung derselben.

Man bemühe sich überdies durch sanfte und überzeugende Vorstellungen so viel zu erhalten, daß sie ihre Pflicht der Befriedigung einer Begierde, Vortheil, Lust und Vergnügen vorziehen. Hat man es so weit gebracht, so sind sie *), wie Richardson redet, nur noch wenige

Schritte

*) Siehe die Pamela.

Schritte von der Selbstverleugnung des weisesten Philosophen entfernt. Sie werden unvermerkt dadurch eine Gewalt über sich gewinnen. Auf einige kleinere Siege werden größere folgen. Die Selbstverleugnung ist eine vortreffliche Lehre, sagt gleichfalls jener genaue Kenner des menschlichen Herzens, die man den Kindern wohl einprägen muß: und dieses muß auch sehr frühzeitig geschehen. Doch dürfen wir nicht, indem wir es ihnen einzwingen wollen, zu scharf seyn wollen: denn eine Pflicht, worauf man allzustrenge beharret, wird sie verhaßt machen.

Gesetzt, mein Eleve würde von einem seiner Spielgesellen beleidigt; er hätte Lust sich zu rächen, Beleidigung mit Beleidigung zu vergelten.

Ich würde ihm das Sündliche und Unerlaubte, ich würde ihm vorstellen, daß Gott, dem Richter der Menschen allein die Rache gebühre. Ich würde ihm das Beyspiel Gottes vorhalten, der großmüthig seinen Feinden vergiebt und ihnen noch dazu wohlthut.

Ich würde aber auch nicht unterlassen, ihm das kleine, das Verabscheuungswürdige, und das Thierische der Rache, und hingegen das Edle der Vergebung vorzustellen. Ich würde ihm vorstellen, daß wir dadurch Gott selbst ähnlich werden. Und welche Würde und Ehre für uns, unserm Schöpfer ähnlich zu werden! Ich würde ihn durch das Beyspiel Gottes selbst zu Wohlthaten gegen seinen Feind aufmuntern, und ihn auf diese Art nach und nach die Kunst, die große Kunst, sich als Held zu besiegen lehren.

Diese Methode, glaube ich, wird schon hinreichend seyn, den Verstand eines Kindes in früher Jugend zur

Erkenntniß von dem, was Recht und Pflicht heißt, zu bilden, und diese Erkenntniß auf den Grad der Empfindung zu setzen, daß sie in Handlungen wirksam werde.

Ich gehe daher zu den Jahren, da das Kind Jüngling wird, darinn die Verhältnisse mannichfaltiger werden, der Umfang seiner Pflichten sich zu erweitern anfängt, sein Verstand gründlicherer und größerer Vorstellungen fähig wird, sein Herz mehreren Verführungen ausgesetzt ist, und nun die Oberleidenschaft Wurzel zu schlagen anfängt.

Hier muß also sein Verstand genauer von allen Situationen, in welchen er sich befindet und von den Pflichten, welche aus denselben, als aus ihren Quellen fliessen, und deren Erfüllung ihn in jeder derselben glückselig macht, unterrichtet werden; um das Laster und die Tugend in ihrer wahren Gestalt zu erkennen, und die verworrenen und untereinander laufenden Gränzen beyder unterscheiden zu lernen.

Er muß sich als Mensch, das ist, als ein Wesen, das aus einer vernünftigen Seele und einem organischen Körper bestehet, als Bürger und Gesellschafter, in dem Verhältnisse gegen seine Aeltern, als Erben der Unsterblichkeit, besonders aber als Christ erkennen lernen. So viele Situationen, so viele Quellen von Pflichten zu diesem Unterrichte des Verstandes giebt es nun verschiedene Mittel, die ich, ohne einen besondern Abschnitt zu machen, anführen, ihren Werth bestimmen, und ihren Gebrauch beurtheilen will.

Seitdem man sich bemühet hat, die Wahrheit in ihrem natürlichen Reize, und die Tugend in ihrer eigenen Schön-

Schönheit stralen zu lassen; so ist die Moral nicht mehr die mürrische Gebieterinn unsrer Pflichten mit eisernem Zepter, nicht mehr die strenge nur unerbittliche Richterinn unsrer Handlungen, sie hat nicht mehr das saure abschreckende Gesicht und die finstere niederschlagende Miene; Nein! seitdem erscheinet sie mit heitrer Stirne, gehet mit sanftem Ernste einher, gebietet in dem gefälligen Tone des Menschenfreundes und verbindet durch himmlische Ausflüße von belohnenden Wohlthaten. Vor ihr her gehen die Huldgöttinnen in ätherisches Gewand gekleidet. Ihren Fußtritten folget der willige Beyfall, der sie segnet und mit Lorbeer krönet, Vergnügen von göttlicher Abkunft und Tiefe, stille Beruhigung.

In diesem Aufzuge erscheinet itzt die Moral und wirbt der Tugend Verehrer.

Sie lehret und entzücket auf dem Theater, warnet, räthet, erwecket in Briefen und stimmt das Herz des Freundes zu sympathetischen Gefühlen, sie wird Beyspiel in der Geschichte, Muster in Romanen und reißt die Gemüther durch edle Eifersucht in sanfter Unaufhaltsamkeit zur Nachahmung hin. Sie belachet die Thorheiten in Träumen, züchtiget ihren Verächter in der Satyre, und ist nicht zu stolz, in der Fabel dem Kind ein Kind zu werden, und sich bis zu seinem Verstande mit mütterlicher Großmuth herabzulassen.

So belehret sie in aller Einfalt die Jugend, entzücket den Jüngling, begeistert den Mann, und erbauet den frommen Greis.

Die Fabel verdienet hier den ersten Platz, nicht, weil sie die vollkommenste zu diesem Endzweck wäre: sondern, weil

weil sie in Absicht ihrer Faßlichkeit den Fähigkeiten der Jugend am angemessensten ist. Sie muß der Ordnung des Unterrichts nach die erste seyn.

Sie ist ein erdichtetes Beyspiel zur Aufklärung einer Sentenz, das ist, eines allgemeinen practischen Satzes. Aus diesem Begriff ließe sich der Charakter einer guten Fabel ganz bestimmen; ich ziehe aber nur daraus diese Hauptfolge: daß die Erdichtung der Sentenz und die Sentenz der Erdichtung angemessen seyn, folglich die Erdichtung nicht zu viel und nicht zu wenig enthalten müsse.

Will man also die Jugend deutlich durch die Fabel belehren: so muß man ihnen 1) die Erdichtung des Beyspiels selbsten verständlich machen, und sie nach den Umständen zergliedern, und alsdenn lasse man sie 2) die Sentenz selbst daraus herleiten.

Zur Fabel kann man auch die moralischen Erzählungen ziehen, die in nichts weiter von der Fabel verschieden sind, als daß sie eine wahre Geschichte zum Grunde haben, wobey aber doch auch fabelhafte Episoden mit eingewebet werden können. Hieher gehören die moralischen Erzählungen Marmontels. Die Fabel eines Aesop, eines Lichtwehr und eines Gellerts haben einen entschiedenen Werth, einen la Fontaine nicht zu vergessen. Das Theater verdienet unter diesen Mitteln keinen geringen Rang. Schauspiele sind Nachahmungen menschlicher Handlungen. Sie zeigen uns das Erhabene und Niedrige, das Große und Kleine, das Edle und Unedle, das Grobe und Feine, das Schöne und Häßliche, das Bewunderungswürdige und Gemeine, das Anständige und Lächerliche, das Vernünftige und Thörichte derselben.

Sie stellen uns Laster und Tugend in Personen selbst vor, jenes in seiner natürlich häßlichen und schwarzen; diese in ihrer reizenden und angenehmen Gestalt.

In der Person eines Damon sehen wir das Niederträchtige und Kleine des Geizes, eines Bramarbas das Lächerliche, Pöbelhafte und Unerträgliche eines unwissenden und großsprecherischen Soldaten; in der Person einer Betschwester das Schändliche der Heucheley, die Ausschweifungen des Aberglaubens und das Abgeschmackte seines Gottesdienstes, der auf denselben gegründet ist, und in der Person jenes Freygeistes und des jungen Theologen beym Leßing lernen wir das Unvernünftige und Thörichte, und die Bewunderung erweckende Ueberwindung, Sanftmuth und Großmuth eines Christen, der eben dadurch den Unglauben von der Wahrheit und göttlichen Kraft seiner Religion zu überzeugen sucht.

Das bloße Lesen der Schauspiele hat keinen so starken Eindruck, als die Action selbst. Diese ertheilet das rechte Leben, und hat, wenn sie ist, wie sie seyn soll, eine große Gewalt über unser Herz. Sie macht uns mit der verfolgeten Tugend weinen, über die Bekrönung derselben freuen, und über ihre Triumphe entzückt.

Das Laster in der Handlung selbst, seiner erborgten Schönheit entlarvt, flößet uns einen desto größern Abscheu und sein trauriges Ende ein desto größeres Schrecken ein. Gellert *) liefert in einem seiner Briefe eine ziemlich vollständige Abhandlung von der Komödie, ihren unschuldigen und rechten Gebrauch, und vertheidigt sie zugleich gegen die vornehmsten Einwürfe.

Die

*) Siehe den 26sten Brief.

Die Satyre bemühet sich, die Fehler und Ausschweifungen der Menschen von ihrer lächerlichen Seite zu zeigen und sie durch einen beißenden Spott zu heilen. Der Satyr ist es also, der das Thörichte, das Alberne, das Kleine, das Poßierliche und das Bizarre der Handlungen gleich einem Demokrit mit hämischer Miene belacht, an statt, daß sie ein Heraklit im Ernste beweint. Es giebt, (so redet ein Gellert von der Natur und für die Sittlichkeit derselben) „es giebt gewisse Krankheiten des „Geistes, die eben so wenig durch gelinde Mittel zu heben sind, als gewisse Krankheiten des Körpers. Die „Satyre ist in der Moral eben so nöthig, als das zubereitete Gift in der Arzneykunst. Und wie kann die „Spötterey ein Verbrechen seyn, wenn man sie nicht wider einzelne Personen, sondern wider allgemeine Thorheiten anbringt? Wenn ich ein Gespräch schreibe und „darinn den Geizigen oder Scheinheiligen in solche Umstände verwickele, daß sie ihre Neigungen und Vorurtheile auf eine solche Art entdecken, daß man sie bald belacht, bald haßt: so sehe ich nicht, wie dieses die Menschenliebe beleidigen könne„. Jedoch aber muß der Gebrauch der Satyre mit Behutsamkeit geschehen. So lange noch andre Mittel zur Entkräftung der Thorheiten und zur Verbesserung eines Gemüthes einige Wirkung thun: so lange muß man sich derselben enthalten. Die Satyre ist eben das, was die Ruthe in der Disciplin der Schulen ist. So lange man durch vernünftige Vorstellungen, durch Sanftmuth und Gelindigkeit bessern kann: so lange muß man sich derselben nicht bedienen. Die Satyre ist gleichsam das in der sittlichen Heilungskunst, was eine Lauge, ein beißendes Salz und corrosive Mit-

tel

tel in der Wundarzneykunst sind. So lange sich also eine Wunde durch sanfte und balsamische Mittel heilen läßt; so lange die überhandnehmende Fäulniß den Gebrauch jener nicht erfordert: so lange muß man sie ungebraucht lassen. Das Recht der Satyre und ihr Gebiet sind von nicht weiterem Umfange, als das Belachenswürdige der Handlungen; und hieraus lässet sich zugleich die Sittlichkeit des Gebrauches derselben bestimmen. Ein Gemüth, welches also noch durch eine wahre Liebe zur Ehre oder durch andre vernünftige Vorstellungen gelenket werden kann, wird mehr durch dieselbe erbittert, als gebessert. Es ist zu zart und zu empfindlich für die Satyre.

Romanen sind Lebensgeschichten zu dem Endzweck erdichtet, um in Charaktern die Tugend als liebenswürdig, und das Laster als hassenswürdig und schwarz, um jene als Muster zur Nachahmung und diese als abschreckende Beyspiele, um das gekrönte Ende jener und den traurigen Ausgang dieses vorzustellen.

Die Umstände der Geschichte müssen nicht gemein, aber auch nicht gegen die Regeln der Wahrscheinlichkeit; die Einfädelungen natürlich und die Entwickelungen unerwartet; die Charaktere nicht übermenschlich, die guten nicht über alle Nachahmung erhaben, und die bösen nicht zu schwarz und abscheulich gemalt werden.

Das Ganze muß für den Leser interessant seyn.

Das Uebertriebene in den Charakteren, die allzugrosse Verschwendung des Colorits sind die gewöhnlichen Fehler der Romanen. Selbst ein sonst unvergleichlicher Richardson verfällt zuweilen in denselben. Sein Grandison ist ein Halbgott, und seine Fräulein Biron ein

Engel.

Engel. „Hier *), sagt Toussaint mit Recht, benimmt „die Unmöglichkeit ihnen gleich zu kommen, dem Leser al„len Muth, es zu versuchen, und läßt nichts in der Seele „zurück, als eine todte Bewunderung. Legt man ihm „hingegen so garstige Bilder für Augen, daß er nicht „Ursach hat, um die Aehnlichkeit mit ihnen bange zu „seyn: so bringet man ihn auf den Weg, sich alle Ver„gehungen zu verzeihen, die er für weniger sträflich hält, „als jene, die man ihm vorlegt. Kein Mensch auf der Welt besitzt alle Tugend und alle Laster. Denn obgleich „Erziehung und Vernunft vieles dazu beytragen, die Lei„denschaften zu bändigen: so behaupte ich doch, daß auch „der allervollkommenste Mensch nach aller angewandten „Mühe, die seinigen in ihren Schranken zu halten, nicht „ganz vermögend ist; zuweilen sehen wir, wie sie wider „Willen diese Schranken durchbrochen haben. Und auf „der andern Seite zweifle ich nicht, daß auch der allerver„lohrenste Bösewicht in gewissen Augenblicken einen Ge„schmack an der Tugend findet, ohnerachtet er sie viel„leicht niemals ausübt.

Das menschliche Herz ist wie ein Bretspiel . . . . ꝛc.

Ich weis gar wohl, was die Vertheidiger zur Beschützung sagen, nämlich, daß man das Laster nie scheußlich, und die Tugend nie schön genug abbilden und jenem nie einen zu großen Haß und Abscheu, dieser aber nie eine zu übertriebene Hochachtung und Liebe erwecken könne: allein man muß doch, wenn man für Menschen schreibt, niemals die Menschheit aus dem Gesichte verlieren und niemals vergessen, daß man Charaktere der Menschen als Muster für Menschen aufstellet. Toussaints histoire des

*) Siehe die Vorrede seiner histoire des passions.

des passions ist, aus diesem Gesichtspunkte betrachtet, doppelt schätzbar. Seine Geschichte ist der Natur des menschlichen Herzens vollkommen gemäß; sie ist selbst die Geschichte desselben. Er setzt seinen Ritter Schroop in alle Situationen, deren keine die Wahrscheinlichkeit beleidiget, und lehret uns nach denselben den Lauf und die Entwickelung der Leidenschaften in allen Zeitaltern des menschlichen Lebens. Er lehret, wie sich in der Jugend die Liebe, Hoffnung und Freude; im reifern Alter der Ehrgeiz und Stolz; in abnehmenden Jahren die Traurigkeit, Furcht und Verzweiflung; und endlich im höheren Alter der Geiz und misanthropisches Wesen zeigt. Er lehret den Kampf und den Sieg einer Leidenschaft über die andre. Er zeiget in allen seine Stärke und Ueberwindung; er verheelet aber auch nicht seine Schwäche.

Er verdienet gewiß ein Muster eines guten Romanes genennet, und dem Roman eines Richardsons, eines Gellerts, und den Erzählungen eines Marmontels in seinem gefälligen und anmuthigen Tone an die Seite gesetzt zu werden.

Moralische Briefe sind als Ermunterungen der Freunde unter einander zur Tugend, zum lebhaften Gefühl derselben, zur Standhaftigkeit, zur muthigen Ueberwindung der Hindernisse und Schwierigkeiten derselben, und der falschen Reizungen des Lasters anzusehen; als Ermunterungen durch Vorstellung der Schönheit, der Erhabenheit und des wahren Glücks, welches sie ihren Verehrern zum ewigen Erbtheil schenkt.

Sind sie ihrer Absicht würdig, so verdienen sie unter den Mitteln das Herz im regen Gefühl der Tugend zu erhalten, keinen geringen Werth, und die zuversichtsvolle Sprache der Freundschaft verbreitet Reiz und Stärke über sie.

Die Briefe eines Dusch haben zu viele Verehrer gefunden, als daß ich sie anzupreisen nöthig hätte; obgleich die Sprache derselben, als Sprache des Herzens, und die Freundschaft ein wenig zu gekünstelt und zu mühsam geschmückt scheinen möchte. Von Träumen, als welche wohl unter diesen den letzten Rang verdienen, will ich nichts sagen. Crügers Träume sind nicht unbekannt.

Außerdem hat man noch besondere Sammlungen von Stücken zur Bildung des Geistes und des Herzens junger Leute, worunter sich besonders diejenige merkwürdig macht, welche noch fortgesetzt wird, den französisch-reformirten Prediger in Zelle, La Roque, zum Herausgeber hat, und den Titel führet: Nouveau Recueil pour l'Esprit & le Cœur. Tom. I-VIII. à Zelle.

Nun habe ich noch etwas von den moralischen Systemen zu sagen.

Ihr Gebrauch ist nützlich und nöthig, um dasjenige, was bisher der Verstand für das Herz in abgebrochenen Stücken hat kennen lernen, in einem zusammenhängenden Ganzen zu überschauen, um die Harmonie aller Tugenden unter einander selbst, und zu ihrer endlichen Bestimmung, um den Menschen in allen seinen Verhältnissen vollkommen, und dadurch die ganze Gesellschaft derselben glückselig zu machen; um die Einschränkungen der Tugenden, die Linien

ihrer

ihrer Gränzen und den verhältnißmäßigen Rang derselben desto besser unterscheiden zu können.

Es fehlet an guten Moralen nicht! Sie sind entweder zu mager und trocken, oder zu weitläuftig; eine solche, die für die Jugend vollkommen passend wäre, ist nicht immer ein Gegenstand heiliger Wünsche; eine Moral, worinn die Quellen unsrer Pflichten in jedem Verhältnisse aus Vernunft und Religion zugleich eröffnet, ihre Uebereinstimmung, ihr Unterschied und ihre Gränzen vollkommen gezeichnet wären; eine Moral, die sich nicht immer auf die ewigen Gründe der Verbindlichkeit und des Pflichtmäßigen allein beriefe, und uns dadurch fast sklavenmäßig zur Erfüllung derselben antreiben will, sondern die zugleich durch Vorstellung des Reizes, der Anmuth, der Würde und des veredelten Interesse, so die Tugend ihrem Verehrer schenkt, zu beseelen sucht; eine Moral, die mehr in lebendigen Charakteren, als in skeletmäßigem Vortrage lehret; eine Moral, die uns nicht allein unsre Pflichten gegen Gott, gegen uns selbst, die Pflicht der Erwerbung, Erhaltung und Verwaltung unsers zeitlichen Vermögens allein; sondern zugleich den Gesellschafter in seinem anmuthsvollen Reize, den Freund in seinem himmlischen Gefühle, den Gatten in seiner liebreizenden Schönheit, den Vater in seinem ehrwürdigen Ansehen und ernsthaft sanftem Geiste, und überhaupt den Redlichen, den Billigen, den Edelgesinnten und Großmüthigen in dem Colorit der Vernunft und in den höhern und ehrwürdigern Nüancen der Religion kennen lehrete.

Möchte sich doch ein Mann, der Muße, Wissenschaft und Talent dazu hat, entschließen, der jungen Welt ein so schätzbares Geschenk zu machen. Zum allerersten Anfange für die Jugend hat man ein kleines Buch unter dem Titel: Manuel moral, ou Maximes, pour se conduire sagement dans le monde, accompagnées de reflexions. Ouvrage, utile à la jeunesse, par J. M. D. V.

Es ist nicht zu einem System eingerichtet, besteht aus 67 Regeln, deren jede mit zwo Anmerkungen, wovon die eine eine Erklärung, die andre gemeiniglich ein Beyspiel enthält, begleitet, und ist zu seiner Absicht recht brauchbar, wozu der Verfasser selbst einen Vorschlag in seiner Vorrede giebt, wenn er sagt: Ne donnez, qu'une maxime par semaine à vôtre enfant. Faitez la lui répéter chaque jour. Raisonnez avec lui sur toute l'étendue, qu'elle peut avoir. Encouragez ses réfléxions, en y applaudissant.

Rendez la lui de plus en plus sensible par des exemples familieres à la portée de son génie. Quand vous croirez la lui avoir bien inculquée, passez à une autre maxime, & ainsi de suite.

Ich will, um des Verfassers seine Art zu unterrichten zu zeigen, einige Regeln mit ihren Erklärungen hieher setzen. Die erste ist:

Rendez au Créateur ce, que l'on doit lui rendre.

1) Cette maxime nous apprend le premier de voir de l'homme; qui est d'adorer sans cesse avec humilité, foi & reconnoissance cet Etre souverain & infiniment parfait,

parfait, qui nous a tiré du néant, qui nous conserve, nous comble de grace & doit être notre recompense dans l'autre vie. Il ne demande pas des sacrifices sanglans. Une conscience pure & nette, un dévoûement sans reserve à ses sains commendemens; voilà ce seul tribut, qu'il exige de nous; pouvons nous le lui refuser sans le plus noire ingratitude?

2) Les égards, auxquelles nous sommes tenus, envers ceux, que la providence a mis sur la terre, pour nous commander, ne doivent jamais préjudicier à nos obligations envers Dieu. Rendons leur ce, qui leur apartoient, c'est a dire, soyons soumis à leur ordres, mais autant, qu'ils sont compatibles avec la loi de Dieu, à qui nous devons une obéïssance exclusive. Admettre quelque exception à ce devoir, c'est mettre la créature en parallèle avec le Créateur.

Die lezte von diesen Maximen heißt also:

Préparez vous sans cesse à mourir en Chrétien.

1) Pourquoi tant de philosophes payens & autres grands hommes de l'antiquité, qui par la seule idée d'un Dieu reconnoissoient, ainsi que nous, la nécessité d'une vie future pour les bons & les mechans; pourquoi dis-je, souhaitoient-ils la mort, comme le terme de leurs souffrance & le commencement de leur bonheur au lieu, que la plûpart des chrétiens l'envisagent avec tant de frayeur? La reponse est facile: ils vivoient comme nous devrions vivre.

2) Il faut mourir. C'est une loi générale; point de privilegiés. La mort est, si j'ose me servir de termes profanes, le dernier coup de des qui décide la partie. On doit dons s'y attendre & s'y préparer de loin. Elle ne surprend, que celui, qui la craint & n'intimide, que le faux chrétien. L'homme de bien la voit venir sans détourner les yeux. Il n'a vêcu, que pour bien mourir; il meurt, comme il a vêcu.

Toussaints Les mœurs ist ein zu bekanntes Buch, als daß ich mein Urtheil darüber mitzutheilen nöthig hätte.

Dieses wären ohngefähr die vornehmsten Mittel, den Verstand zum richtigen Führer des Herzens zu bilden, und welche ein Lehrer, der Wissenschaft, Klugheit, Ernst und ein reges Gefühl für die Tugend hat, schon zum Besten wird zu gebrauchen wissen. Sollte ich aber noch eine Ordnung des Gebrauchs dieser Mittel vorschlagen, so würde es ohngefähr diese seyn: Man fange mit der Fabel an, als welche die simpelste Art zu lehren ist; man lese gute Romanen, um das Herz zu einem Gefühl der Tugend zu gewöhnen; man fange an theatralische Werke zu lesen, und hat man Gelegenheit, so besuche man das Theater; und man suche sie endlich durch sinnreiche und starke moralische Briefe in dem Gefühl für die Tugend zu erhalten. Die Satyre ist nur die Geißel zur Züchtigung.

Der zweyte Abschnitt.

Wie soll nun aber diese Erkenntniß auf den Grad der Empfindung gesetzt werden, daß sie lebendig, wirksam und fruchtbar in Tugenden sey.

Ich komme jetzo zu dem merkwürdigsten Abschnitt meiner ganzen Abhandlung, zu der Auflösung eines Problems von äusserster Wichtigkeit, das die Philosophen schon längstens beschäfftigt, und dessen vollkommene Auflösung sich noch wohl hoffen lässet, aber dessen Anwendung jederzeit die größten Hindernisse finden wird. Jedoch ich will es versuchen, meine Gedanken darüber zu sagen, zuvor aber muß ich noch eine Anmerkung machen.

Ich befürchte den Vorwurf, daß ich die Mittel, den Verstand zu bilden, und das Herz in Wirksamkeit zur Tugend zu setzen, unter einander werfe, daß alle oben zur ersten Absicht angegebene Mittel zugleich solche zu dem letzten Endzwecke seyn, daß Romanen rc. = = besonders moralische Briefe, das Herz eben sowohl zur Tugend anfeuren, und in derselben erhalten, als den Verstand unterrichten, und daß ich also wohl nicht nöthig habe = = rc. Allein ich rechtfertige mich durch eine doppelte Antwort. (1) Ein jeder Kenner der menschlichen Seele weis wohl, daß Unterricht des Verstandes zur Führung des Herzens von der Bildung desselben zur Tugend eben so wenig, als Verstand und Herz selbst zu trennen sey; und 2) daß ich nur in diesem Abschnitt diejenigen Mittel, die zunächst das Herz zur Tugend wirksam machen können, vorzuschlagen die Absicht habe.

Wie soll man es denn aber machen, daß die Erkenntniß von Pflicht durch Empfindungen zu Handlungen übergehe, daß sie thätig und wirksam werde?

Es geschiehet:

1) Wenn man die Tugend für menschliche Kräfte als möglich vorstellet.

2) Wenn man die Tugend von ihrer interessantesten Seite überzeugend vorstellet.

3) Wenn man die Nachahmungsbegierde durch Ausstellung reizender Charaktere, besonders aus dem Gefühl, anfeuret.

4) Wenn der Führer selbst lebendiges Beyspiel ist, und hierzu gesellet sich noch

5) Die Kraft der göttlichen Religion.

Man muß also die Tugend als möglich vorstellen.

Ein Verstand, der noch so stark überzeugt ist, daß der Besitz einer gewissen Sache ihn glücklich machen werde, der aber an der Möglichkeit, sich derselben zu bemächtigen, zweifelt, dessen Herz wird von keiner Begierde nach derselben entbrennen, noch viel weniger in Bemühung um dieselbe gesetzt werden; eben so wenig, als derjenige, dem man die Höhe eines steilen Berges, auf welcher viele Reize, Vergnügungen und Annehmlichkeiten wohnen sollen, zeigt, ihm aber die Ersteigung desselben als unmöglich vorstellet, sich zu derselben entschließen wird. So bald wir aber überzeugt sind, daß wir eine Sache von dieser Art erhalten können: so bald

entstehet

entstehet Verlangen, Bewegung und Leidenschaft für dieselbe.

So ist es mit der Tugend! Man überzeuge den Verstand noch so sehr von dem erhabenen Glücke derselben; und man lasse denselben in dem Vorurtheile, daß sie für seine Kräfte unmöglich, und mit unüberwindlichen Schwierigkeiten begleitet sey: so wird man nicht einmal einige Bemühung, geschweige denn Muth und Eifer für dieselbe erregen.

So muß man also die Tugend, als an sich und für menschliche Kräfte, als möglich vorstellen: so muß man den Charakter derselben nicht über alle Nachahmung erhaben, und die Höhe derselben nicht als unersteiglich schildern, wenn man Neigung und Leidenschaft für dieselbe entzünden, Bemühung erregen, und Muth und Eifer für dieselbe anfrischen will.

Jedoch, dies ist eine bekannte und entscheidende Sache, die keiner weitern Ausführung bedarf.

Man muß die Tugend von ihrer interessantesten Seite vorstellen.

Es giebt eben so wenig eine platonische Liebe zur Tugend, als eine solche zu Personen, und sie bleibt, sie mag erkläret werden, wie sie will, doch immer ein hohes Wort ohne Geist und Bedeutung. Der Anfang der Tugend, oder vielmehr der Uebergang vom Laster zur Tugend ist unangenehm und schwer. Er geschiehet nicht anders, als durch Kampf und Ueberwindung böser Neigung und Leidenschaften; nicht anders, als dadurch, daß man auf eine Zeitlang ein Feind seines eigenen Herzens, und ein Störer der falschen Ruhe desselben wird. Ja der Stand der Tugend ist selbst von Reizung und Kampf nie ganz frey. Das Gefühl der Schwierigkeiten und des Unangenehmen muß man durch die überzeugende Vorstellung der wahren und erhabenen Vorzüge der Tugend, und insbesondere des Interesse derselben zu mäßigen suchen, damit es nicht abschreckend werde, und Muth und Entschließung sinke.

Eine Regel, die der Natur der Tugend und unsers Herzens vollkommen gemäß ist: unsers Herzens, welches keinen andern Hang, Neigung und Richtung, als nur zu demjenigen, was es für sich selbst als gut und nützlich erkannt, bekommt; welches durch nichts, als durch das, was seine Hoffnungen und Wünsche, sich glücklich zu machen, unterstützt, und was ihm Vergnügen (agrement) Ehre und Vortheil gewähret, in Activität gesetzt wird.

Von dieser Seite kann man also die Tugend nicht oft genug vorstellen.

Das reine Vergnügen und die tiefe Beruhigung, die veredelte Wollust des Geistes, die sie gewähret; die Ehre, Gott, dem Urbilde aller Vollkommenheiten ähnlich zu werden; der Ruhm, sich selbst überwunden zu haben; der Beyfall Gottes und der vernünftigen Welt; das hohe Glück der Tugend, das durch jede Vergleichung erniedriget wird, und welches selbst ihr Feind beneiden muß; die Befestigung der zeitlichen Wohlfahrt und ihre Gründung auf ein dauerhaftes Fundament: dies sind Vorstellungen, die ein noch nicht ganz verdorbenes und gefühlloses Gemüth bewegen, und ein zartes und moralisch-reizbares Herz dahinreißen kann: dies ist die schöne Seite der Tugend, nach welcher sie auch ihren hartnä-

ckigsten

eigsten Feind nöthigen kann, sich ihrer sanften Macht zu unterwerfen.

Wie freue ich mich, daß ich diese meine Gedanken durch die Worte eines Mannes bestätiget finde, der den Werth, den er bey der gelehrten Welt hat, vollkommen verdient! Es ist Marmontel, der seinen Belisair in dem IXten Gespräche mit dem Kaiser Justinian und dem jungen Tiber also redend einführet: On demande, s'il est possible d'aimer la vertu pour elle-même.

C'est peut-être le sublime instinct, de quelques ames privilegiées, mais toutes les fois, que l'amour de la vertu est réflechi, il est intéressé. Ne croyez pas, que cet aveu soit humiliant pour la nature: vous allez voir, que l'interêt de la vertu s'épure & s'ennoblit, comme celui de l'amitié, l'un servira d'exemple à l'autre.

D'abord l'amitié n'est produite, que par des vues de convenance, d'agrément & d'utilité: Insensiblement l'effet se dégage de la cause: les motifs s'évanouissent, le sentiment reste; on y trouve un charme inconnu, on y attache par l'habitude de la douceur de son existence: des-lors les peines ont beau prendre la place des plaisirs que l'on attendoit, on sacrifie à l'amitié tous les biens, qu'on espéroit d'elle; & ce sentiment, conçue dans la joie, se nourrit & s'accroît au milieu des douleurs. Il en est de même de la vertu. Pour attirer les cœurs, il faut, qu'elle présente l'attrait de l'agrément ou de l'utilité: car avant

de

de l'aimer, on s'aime & avant d'en avoir joui, on cherche en elle un autre bien. Quand Regulus, dans sa jeunesse, la vit pour la prémiere fois, elle étoit triomphante & couronnée de gloire, il se passionna pour elle & vous sçavez s'il abandonna, lorsque elle lui montra des fers, des tortures & de buchers. Commencer donc par étudier ce, qui flatte le plus les vœux d'un jeune prince. C'est sera vraisemblablement d'être libre, puissant & riche, obéi de son peuple, éstime de son siécle & honoré dans l'avenir; hé bien, repondez lui, que c'est de la vertu, que dependent ces avantages & vous ne le tromperez pas.

So muß man also noch dem klugen Rathe eines Marmontels, um der Tugend Freunde und Verehrer zu verschaffen, sie zugleich durch ihr Interesse anpreisen. So muß man zeigen, wie sie ihre Annehmlichkeiten über alle Stände und Verhältnisse des menschlichen Lebens verbreitet, wie sie den König und den Sklaven, den Prinzen und den Unterthanen, den Reichen und den Bettler zu gleichem Glücke erhebt; wie sie dem Fürsten die Bürde seiner Krone erleichtert, seine Sorgen zerstreuet, und unter den größten, angenehmsten und herrlichsten Hoffnungen sein Leben als einen stillen Bach sanft dahin fließen macht; wie sie den Unterthanen, wenn er in dem Zirkel seiner Beschäfftigungen zu seinem Berufe ihr treu ist, mit Glück und Segen krönet; wenn sie den Reichen durch Mäßigung, die sie ihm einflößet, die Klippe des Reichthums vermeiden, und die wahre Klugheit lehret, denselben zu seiner und des Nächsten Wohlfahrt, und dadurch zu einem glücklichen und reichen Wucher auf die Ewigkeit anzulegen; wie sie den Unglücklichen lehret, mitten im Sturme des Unglücks gelassen und vergnügt zu seyn, und sich mit einer gewissen Heldengröße, die sie uns allein ertheilen kann, über die empfindlichsten Verfolgungen desselben hinweg zu heben, und mitten in der Unruhe dieses Lebens ruhig zu leben; wie sie dem Bettler durch die herrlichsten Aussichten der unvergänglichen Reichthümer des Himmels, die sie ihm eröffnet, eine stolze Zufriedenheit einflößet, die auch selbst Königen beneidenswürdig scheint.

Man muß reizende Charaktere, besonders Beyspiele der Geschichte aufstellen, um dadurch die Nachahmungsbegierde anzufachen.

Diese Nachahmungsbegierde, die uns zu so vielen edlen und großen Thaten fähig macht, hat der weise Schöpfer nicht ohne Ursache in unsre Natur gepflanzet. Der eine ist reizbarer zu derselben als der andre, und der, bey dem Ehre gilt, wird am meisten von derselben hingerissen.

Reizende Charaktere, besonders aber schöne Beyspiele tugendhafter Personen, deren Andenken uns die Geschichte verweigert, oder die noch itzt für unsern Augen leben, sind die Funken, wodurch dieser Zunder angeflammet wird.

„Dies nennt Home die sympathetische Bewegung „der Tugend und ihrer Ursachen *). Tugendhafte „Handlungen, die wir sehen, oder aus der Geschichte „kennen

*) Siehe seine Grundsätze der Kritik, 1ster Theil 3ter Abschnitt.

„kennen lernen, sagt er, billigen wir nicht allein, schä„tzen und lieben nicht allein die handelnde Person, son„dern fühlen auch etwas Aehnliches davon; unsre „Seele wird auf eben den Ton gestimmt, und wir wer„den, ohne einen Gegenstand zu haben, begierig, un„ser Verlangen, eben solche That zu thun, zu befriedi„gen, so wie wir den Instinkt des Hungers zu befrie„digen begierig sind. Diese sympathetische Bewegung „fühlen wir nicht bey lasterhaften, nur bey tugendhaf„ten Handlungen; bey jenen fühlen wir Abscheu. Sie „sind Reizungen zur Tugend, die Gott in unsre Seele „geleget hat. Sie enthalten den Grund von der Kraft „guter Beyspiele. Sie sind gewissermaßen Vorübun„gen zur Tugend; wenigstens eine innerliche Uebung; „die öftere Wiederholung derselben kann eine Fertigkeit „wirken, und jeder kann sich, vermittelst derselben, „durch den Umgang mit würdigen Personen, Lesung „der Geschichte edler Thaten, u. s. w. eine Uebung zur „Fertigkeit und zur Befestigung in der Tugend erwe„cken. Wie vortrefflich kann auch diese Anlage Gottes „in der Erziehung genutzet werden.

Ja wohl kann diese Anlage unsers Herzens vortrefflich in der Erziehung genutzet, und diese sympathetische Bewegung der Tugend erregt werden, wenn man der Jugend oft schöne Charaktere, zum Beyspiel diejenigen, die uns ein Gellert aufgestellet, den Menschenfreund, Reichthum und Ehre, den Christen rc. oder große Tugendbeyspiele, die eben sowohl Denkmaale in unserm Herzen zur Nachahmung, als sie ein Denkmaal in der Geschichte verdieneten, aufstellet; wenn man ihnen die Tugend in ihrer natürlichen Schönheit, wenn

man

man ihnen besonders das Vernünftige und Billige der Verehrung und Unterwerfung an seinen Schöpfer, das Große der Demuth, das Edle der Sanftmuth, das Herrliche und den Sieg der Geduld und Standhaftigkeit, das Heldenmüthige der Verläugnung sein selbst und der Welt, das Erhabene der Großmuth und das Göttliche der Liebe gegen seine Feinde; wenn man ihr eben so das Laster in seiner natürlichen Häßlichkeit, das Schändliche des Eigennutzes, das Leere und Viehische der Wollust, das Phantastische und Eitle der Ehrsucht, das Thörichte des Stolzes, den betrügerischen Schimmer irrdischer Größe, und den Verläumder und Menschenfeind in seiner scheußlich-schwarzen Gestalt vorstellet.

Ist nun der Führer eines Eleven selbst ein so reizender Charakter; ist er ein Muster der Nachahmung für ihn, so in der Einsamkeit, als in Gesellschaft, so für dem Auge des Allwissenden allein, als auf einem Schauplatz, wo die ganze Welt einen Zutritt hat; pflanzet er den Saamen der Tugend nicht allein in seinen Verstand, sondern sucht denselben auch zur Fruchtbarkeit durch sein Beyspiel zu beleben, gehet er ihm auf dem Pfade aller Tugenden für, überzeuget er ihn durch sich selbst von der Macht der Tugend, nach welcher sie der Menschheit die wahre Würde und Zierde giebt, und wie sie auch selbst seine äußerlichen Handlungen durch die Reize der Sittsamkeit und eines sanften Wesens, welche sie über dieselbe ausbreitet, verschönert; lässet er ihn endlich öfters in sein Inneres hineinschauen, um ihn durch das stille Gefühl des Glücks und seiner unzerstörbaren Zufriedenheit, die er als Verehrer der Tugend genießet,

genießet, und welches oft in die lebhaftesten Bewegungen und Ausdrücke übergehen muß, zu reizen: so zweifle ich nicht, daß das Herz eines Jünglings durch Ueberzeugung und ein sympathetisches Gefühl des ächten Glücks der Tugend für dieselbe gewonnen werden sollte.

Hierzu gesellet sich die Kraft der Religion. Und wie glücklich wird sie, da sie immer nach den jedesmaligen Erkenntnissen, die sie bey dem Menschen antrifft, wirkt, und wenn sie nun auf solche Weise von den Wirkungen der Natur unterstützt wird, wirken; was für einen leichten Eingang werden die Lehren derselben, die Wahrheit und Leben sind, finden; wie bald wird der rege und mächtige Geist dieser Religion alle Schwierigkeiten besiegen, ihn zu großen, schönen und edlen Thaten beleben, und ihn dadurch zur Aehnlichkeit mit seinem Schöpfer und zu einem Glücke, dem Glücke der Gottheit selbst ähnlich, erheben.

Der dritte Abschnitt.

Wie soll man sich gegen die Oberleidenschaft verhalten? Wie soll man sie zur Tugend mit einleiten?

Ich habe schon oben im 1sten Kapitel von der Natur des menschlichen Herzens, von dieser Leidenschaft geredet, und einen zur Erreichung meines Endzwecks vollständigen Begriff derselben zu geben mich bemühet,

auf

auf welchen ich mich hier beziehe, indem aus demselben die Regeln und Vorschläge, dieselbe zur Tugend einzuleiten, hergeleitet werden müssen.

Sie erzeuget sich, wie oben gesagt, theils aus dem Ideensystem der Einbildungskraft, welches nach der besondern Organisation und Sinnlichkeit, und auch der besondern Umstände eines Subjects bestimmt wird, theils (und beydes kann nicht von einander getrennet werden) aus der Mischung und Beschaffenheit des Geblüts und der Säfte oder des Temperaments.

Lasset uns also, da das Temperament einen so großen Einfluß auf die Art und Sittlichkeit unsrer Handlungen äußert, dasselbe hier nach seiner Natur, Unterschiede und Wirkungen etwas kennen lernen, und alsdenn zur Sache selbst schreiten.

Es dienet hier nicht zu meiner Absicht, eine Physik der Temperamente zu schreiben, sondern vielmehr ihren sittlichen Einfluß zu zeigen.

So viele Haupt- und herrschende Temperamente; so viele herrschende Leidenschaften. Man ist in Bestimmung der Anzahl derselben nicht einig. Einige nehmen vier andre nur 3 an, weil sie das phlegmatische nicht sowohl als ein Temperament, als vielmehr wie eine Krankheit oder den Zustand eines Körpers von verdorbenen und faulen Säften betrachten.

Ich kann und will dieses hier nicht entscheiden, jedoch muß ich davon reden, um etwas von seinem sittlichen Einfluße sagen zu können.

Das sanguinische Temperament setzt ein am flüchtigen Blut reiches Naturell zum voraus, ist sehr leicht reizbar und schnell zur Empfindung.

Seine Empfindunden aber rauchen eben so schnell vorüber; die Eindrücke auf dasselbe sind nicht dauerhaft, seine Entschließungen nicht standhaft.

Sein Hang ist sinnliches Vergnügen, Wollust und ein beständiger Wechsel. Von der moralischen Seite betrachtet ist es flatterhaft und oberflächigt im Denken, unbedachtsam in allen Handlungen, wankelmüthig, verzagt bey Schwierigkeiten, kleinmüthig in Gefahren, ausgelassen und übermüthig im Glücke, doch aber aufrichtig und mitleidig, oder vielmehr biegsam und zärtlich.

Das colerische Temperament setzt einen Körper voller Feuer, und ein Geblüt, das sich mit vieler Heftigkeit durch seine Kanäle beweget, zum voraus. Es ist nicht so reizbar, nicht so schnell zur Empfindung: aber seine Empfindungen und Gemüthsbewegungen sind heftiger, dauerhafter; seine Entschließungen standhafter und wirksamer. Sein Hang ist Ehre. Er wird durch alles gereizt, was groß, prächtig, erhaben, edel, glänzend und ruhmvoll ist. Zu seinen Unternehmungen ist er bedachtsam, und begleitet sie mit heroischem Anstand und männlichem Ernst.

Seine Denkart ist Scharfsinn. Seine Rede gesetzt.

Durch die Größe seiner innern Triebfeder, der Ehre und des Ruhmes, ist er wichtiger Unternehmungen fähig, und macht sich der Welt durch eine fast unnachahmbare Größe ehrwürdig.

Neigt

Neigt er sich auf die Seite des Lasters: so ist er verwegen, stolz, neidisch, übermüthig und rachsüchtig.

Das melancholische Temperament setzt ein trockenes, etwas dickes und eben daher schweres Geblüt zum voraus; ein Geblüt, welches sich langsam und heftig bewegt. Der Tiefsinn, eine weite Aussicht in die Zukunft, eine Vorstellung der Sachen mehr von ihrer bösen als guten Seite, sind seine Haupteigenschaften. Aus diesen Quellen fließet Furcht, Mißtrauen catonischer Ernst, Niedergeschlagenheit und nicht selten Genauigkeit und Geiz. Er wird am meisten durch das, was traurig und schwerfällig ist, gereizt und hat eine angebohrne Liebe zur Gründlichkeit, Wahrheit und Realität.

Das phlegmatische Temperament setzt einen Körper von verdorbenen, zähen und schleimigten Säften zum voraus. Der Umlauf seines Geblütes ist schleichend, träge und langsam.

So wie das Geblüt eines Sanguineus in seinem Laufe einem schnell rieselnden Bache, das Blut des Colericus dem majestätischen Laufe eines größern Flußes, das Blut eines Melancholikus dem schweren und langsamen Fluße eines trüben Wassers gleich ist: so gleicht das Geblüt eines Phlegmatikus einem stehenden Moraste. Er ist langsam, träge, dumm, gleichgültig, sorgenlos und vergessen, und überhaupt von keiner Entschließung, zu nichts aufgelegt. Man hat viele äußere Kennzeichen dieser Temperamente.

Die Physionomie des ganzen Körpers, insbesondere des Gesichtes, der Gang und die Bewegung des Leibes, die unsre Handlungsart und die allgemeine Verschiedenheit des Geschmacks sind die vornehmsten derselben.

Der Sanguineus ist wegen des flüchtigen Feuers seines Geblütes roth und feurig von Gesicht, heiter in seinen Mienen, hurtig in allen Bewegungen, flüchtig im Gange, schnell im Reden.

Der Colerikus ist gemeiniglich, wegen der Heftigkeit, mit welcher sich sein Geblüt bewegt, dunkelroth oder schwarzbraun von Gesicht, ist oft mit den Zügen des Denkens und Stolzes gezeichnet, ist anständig in seinen Gebärden und Handlungen, redet mit Nachdruck und hat einen gesetzten und oft majestätischen Gang.

Der Melancholikus ist wegen seiner verzehrenden Leidenschaften, blaß, schwarz und hager, hat die Miene des Tiefdenkens und des traurigen Ernstes, beweget seinen Körper langsam, redet sparsam.

Der Phlegmatikus ist gemeiniglich blaß vom Gesicht, aufgeblasen vom Körper, unanständig in seinen Gebärden, verdroßen in allen Handlungen, träge zu reden.

Sein Gang ist schleppend.

Nicht weniger verräthet sich das Temperament durch die Verschiedenheit des Geschmacks.

Der Sanguineus liebt den Scherz der Gespräche, das muntere und anacreontische der Dichtkunst, das fröhliche und Burlesque der Musik, das Comique des Schauspiels.

Den Colericus ergötzt der Ernst der Gespräche, ihn rührt das Epische des Gedichts, das Heroische der Musik und des Theaters.

Dem Melancholikus gefällt der Tiefsinn der Unterredung, das Traurige der Musik setzt ihn in eine beruhigende

gende Schwermuth, und die Tragödie des Gedichts und des Theaters rührt ihn doppelt.

Der Phlegmatikus ist stumpf zu aller Empfindung.

Daß man keines dieser Temperamente in einzelnen Personen (in concreto) so finde; wie es im Allgemeinen (abstracto) abgebildet wird: daß ein Temperament durch das andre gemäßiget und in seinen Aeußerungen eingeschränkt werde: daß sie auch durch die Verschiedenheit der Umstände bestimmt werden; darf ich wohl niemanden sagen.

Gesellschaft, Lehrer, Geld, Patronen,
Land, Auferziehung, Lieb und Zeit,
Macht immer unter den Personen
Und ihrer Lust viel Unterscheid.

Sonst ist überhaupt das 26ste Stück 1 Th. der bekannten Wochenschrift der Arzt, zum Nachlesen anzupreisen; wo der sittliche Charakter der Temperamente unter hieroglyphischen Gestalten ziemlich artig abgebildet wird.

Nachdem ich nun meine Leser durch die nöthige Kenntniß der Temperamente vorbereitet habe: so schicke ich mich nun zur Beantwortung der wichtigen Frage an: Wie soll man die Oberleidenschaft, die sonsten der Tugend die größten Hindernisse legen kann, zur Tugend mit einleiten?

Solle man sie ausrotten und zu Grunde richten? Oder soll man eine herrschende Leidenschaft schwächen, um eine andre zu erregen? Soll man, um die Wollust auszujäten, die Ehre durch ihren bezaubernden Glanz und Pracht dem Gemüthe beliebt machen und ihren Thron in dem Herzen aufbauen? Soll man die Ehrsucht vom

Throne stürzen und die Gewinnsucht durch die lebendige Ueberzeugung des Glücks und der Schätze, die eine Folge derselben sind, auf denselben erheben? O nein! dies hieße nur eine strafbare Leidenschaft gegen die andre vertauschen, das hieße, einen Teufel durch den andern austreiben: das hieße, einen Götzen vom Throne stoßen, um den andern zu erheben!

Ich geschweige, daß dies auch nicht einmal möglich ist. Das Temperament mischt sich immer wieder in die Denk- und Handlungsart. Ohne Aenderung desselben ist keine vollkommene Veränderung der Oberleidenschaft möglich. Dieselbe also ausrotten, das hieße, die ganze Complexion des Körpers umschaffen, die ganze Anlage der Natur zerstören wollen.

Man muß also warten, bis die Natur selbst mit den Jahren einen solchen Wechsel des Temperaments schafft.

Ueberdies ist diese Leidenschaft, von dem Schöpfer selbst eingepflanzt, zugleich der Ruf der Natur und in derselben der Ruf des Schöpfers selbst. Sie ist die Anlage zur besondern Bestimmung eines einzelnen Subjects und die Grundantriebskraft, dieselbe zu erreichen.

Sie ist, um mit jenem philosophischen Dichter, Pope, zu reden, der Hauptwind, der uns treibt (die andern Neigungen sind die Nebenwinde.) Und wie thöricht würde es also seyn, auf die Zerstörung derselben zu gedenken! Hieße dieses nicht der Absicht Gottes und dem Rufe der Natur entgegen arbeiten?

Hieße das nicht die Haupttriebfeder unsrer Wirksamkeit zersprengen?

Man muß die Oberleidenschaft selbst wohl von ihrer unrechten Richtung und Ausschweifung unterscheiden. Sie selbst ist allezeit gut und als ein Heiligthum unsrer Natur zu betrachten. Sie kann die größte Unterstützung zur Tugend werden.

Die Oberleidenschaft ist niemals zu zerstören,
Sie sey mehr Freund als Feind. Sie sey mit dir im Band;
Benachbarte Vernunft. In ihres Antriebsgrund
Wirkt eine stärkre Macht, nach den verschiednen Enden.
Mit ewiger Gewalt der Menschen Lauf zu wenden.
Gott winket; folge du. Zwar Triebe vieler Art,
Den Nebenwinden gleich, begleiten unsre Fahrt;
Und jagen uns im Meer des Lebens auf und nieder;
Doch stets der rechte Trieb ergreift das Segel wieder,
Und richtet unsre Bahn auf ein bestimmtes Land.
Ob Macht, ob Wissenschaft, Gold oder hoher Stand,
Und ob von ihnen weit, doch stärker, als sie alle,
Dir in der Ruhe Schooß Gemächlichkeit gefalle,
Was es von allem sey, nur ihm, ihm eilest du,
Das Leben ungeschont, ein ganzen Leben zu.
Des Kaufmanns Aemsigkeit, des Weisen kalte Stille
Der stolzen Heldenschaar gebieterischer Wille,
Und jener niedre Sinn der trägen Klosterzunft,
Erhalten alle gleich den Beyfall der Vernunft.

Des Himmels Scheidekunst, die alles zubereitet,
Und in der Folge stets aus Bösem Gutes leitet,
Erzielt auf diesen Grund der Oberleidenschaft.

Pope zweyter Brief, der Mensch.

Ich kann also aus dieser ganzen Theorie keine andre Regeln leiten, als daß man diese Leidenschaft, wie die

 andern

andern Neigungen zur Tugend richte: daß man dieselbe insbesondre,

1) Wenn sie von ihrem wahren Ziele und würdigem Gegenstande abgeirret ist, auf denselben zu richten und sie von ihren Ausschweifungen zurück zu halten.

2) Dieselbe in das Interesse des Herzens mit einzuflechten suchen solle.

Wenn ein Führer seine Eleven von zartester Jugend auf, wenn sein Herz noch unschuldig ist und erst anfängt, den Keim der Oberleidenschaft zu treiben, leitet, dann ist Aufklärung des Verstandes, richtige Begriffe von Ehre, von Vergnügen und Vortheil, und Ueberzeugung genug, dieselbe zu bestimmen.

Und da die Neigung dieses Alters auf nichts, als Vergnügen gehet; so kann man sie gar leicht gewöhnen, dasselbe unter dem rechten Gesichtspunkte zu betrachten, diese Neigung leicht auf erlaubte und unschuldige sinnliche Vergnügungen richten, ihnen nach und nach einen Geschmack an ächteren Vergnügungen, an Wissenschaft, Weisheit, Freundschaft, innerer Beruhigung des guten Gewissens beybringen, und es durch den Ekel an sündlichen Aftervergnügungen, ein Ekel, welcher natürlich aus jenem Geschmacke entstehen muß, gegen dieselbe bewaffnen.

Jedoch! dies ist hier eigentlich der Fall nicht, den ich voraussetze; sondern meine gegebene Regeln beziehen sich vielmehr auf den Zustand eines jungen Menschen, den diese Leidenschaft schon zu beherrschen angefangen.

Wie geschieht nun das erstere? Wie richtet man die abgeirrete Leidenschaft wieder auf den ihr würdigen Gegenstand?

genstand? Wie ziehet man sie von ihren Ausschweifungen zurück?

1) Da die Oberleidenschaft, nebst dem, daß sie aus der Beschaffenheit des Geblütes und der ganzen Complexion des Körpers geformt wird, zugleich, in so ferne sie in Absicht ihrer Abirrung und Ausschweifung betrachtet wird, zugleich auf Irrthum und einem gewissen Ideensystem von Ehre, Pracht, Vergnügen, Lust, Gold, Güter und Bequemlichkeit, und oft auch auf ganz dunkelen Vorstellungen ruhet: so muß man sich vornehmlich bemühen, den Verstand durch Unterricht aufzuheitern, ihn von seinem Irrthum zu überführen, und ihm das Leere und Ungereimte seiner Gedanken und Bilder zu zeigen.

Bringet man nun

2) Dem Verstande, dessen, der zur Wollust geneigt ist, reine Begriffe von Wollust, von der höhern und edlen Wollust eines vernünftigen Geistes, an Wissenschaft, von den reinesten Vergnügungen an Tugend und Religion bey, überzeuget man ihn zugleich, daß diese Vergnügungen allein denen sinnlichen erlaubten Vergnügungen ihren wahren Werth, die reineste Süßigkeit und das, was man Realität nennen kann, gebe. Bringet er dem Verstande des Ehrsüchtigen Begriffe von der ungleich höheren Ehre, welche die Tugend ihrem Freunde giebt, bey, und stellet er ihm überzeugend für, daß die Größe des Geistes, daß die Bemühung, wahre Verdienste um die Welt zu haben, ein Wohlthäter des menschlichen Geschlechtes und seinem Schöpfer ähnlich zu werden, allein die wahre Größe gebe, die den Menschen so ehrwürdig macht.

Sucht man dem Verstande dessen, der Gewinn und Vortheil liebt, von dem wahren, dauerhaften, unvergänglichen und viel höheren Interesse der Tugend zu überzeugen; daß die Tugend, wie schon oben erwähnet, durch Ordnung, Mäßigung und Sparsamkeit, die sie ihm gebietet und einflößet, sein zeitliches Glück auf einen dauerhaften Grund baue: so wird man dadurch dem ersten ein reges Gefühl der reinen Wollust, dem andern eine ächte Liebe der Ehre, dem dritten ein veredeltes Interesse einpflanzen; so wird man die Hauptleidenschaft zur Tugend mit einleiten, und alsdenn wird sie die ganze Kraft der Neigungen unterstützen.

Dieses System, die Hauptleidenschaft zur Tugend einzuleiten, ist den Absichten des Schöpfers, dem Wesen der Seele gemäß und der natürlichen Lage des Herzens anpassend. Es ist das System eines großen und genauen Kenners desselben: Das System eines Pope.

Nach diesem System gebildet, wird alsdenn im Grunde der Leidenschaft, wie er sagt, die Tugend aufschießen; diese Leidenschaft wird die Stütze der Tugend werden.

Der Zorn wird sich in Tapferkeit, Standhaftigkeit und kühnen Muth verwandeln. Die unwirksame und schüchterne Trägheit wird Philosophie und Ueberlegung, der Geiz, Fürsichtigkeit, die Wollust, wenn sie durch Aufklärung des Verstandes durchgesäuget ist, feine und holde Zärtlichkeit, sanfte Liebe und Mitleiden und der niedrige Neid, kühne Nacheiferung und eine Triebfeder grosser erhabener Thaten werden.

Beson-

Besonders glücklich aber sind diejenigen Gemüther, die die Ehre spornt, die Ehre, die, wenn die Begriffe derselben durch Vernunft und Religion geläutert und die Neigung derselben auf den würdigen Gegenstand geleitet wird, die Haupttriebfeder aller edlen und großen Handlungen ist. Diese ist es, die, wie mein Dichter sagt, die aus einem wütenden Nero, (von der Vernunft zur bessern Seite hingerichtet, einen sanft und huldreich gebietenden Titus machen kann.

As fruits, ungrate ful to the planter's care
On savage Stocks inserted, learn to bear,
The surest Virtues thus from passion Schoot,
Wild Nature's vigor working at the root,
What crops of wit and honesty appear
From spleen, from obstinacy, hate, or fear!
Se anger, zeal and fortitude supply,
Ev'n av'rice, prudence; Sloth, philosophy,
Lust, thro' some certain strainers well refin'd,
Is gentle love, and charms all womankind,
Envy, to which th ignoble mind's a Slave,
Is emulation in the learn'd or brave,
Nor Virtue, male or female, can we name,
But what will grow on Pride, or grow on shame.

Pope. Essay on Man. Epistle II.

Diese ist es, die den Catilin verfluchenswürdig macht, und die im Curtius zu etwas Göttlichen erwächst: sie ist es, die das blühende Wohl des Staates untergräbt, die es aber auch wieder erhebt; die Rom den Schelm und seine Rotten, aber auch eben diesem Stolze den Held und den Patrioten gab.

Außerdem sind in einigen besondern Fällen noch einige äußerliche Mittel zu rathen, die zwar nicht zur inneren

neren Verbesserung des Herzens, aber doch zur Schwächung einer herrschenden Leidenschaft dienen. Die Fälle, auf welche sie passen, sind vornehmlich zwey: der Hang zur Schwermuth und Melancholie, und der Hang zur Wollust.

Die Mittel sind Zerstreuung, Arbeit und Uebungen des Leibes.

Der Grund einer überwiegenden Schwermuth liegt entweder im Gemüth oder im Körper; oder gemeiniglich in beyden zugleich. Das erste ist hier nicht der Fall! Hier vermag zwar Zerstreuung etwas; aber nicht alles. Die Trost- und Beruhigungsgründe der Vernunft und Religion können nur allein das Gemüth ganz von derselben heilen. Liegt der Grund derselben im Körper: so ist er entweder Temperament oder Krankheit. Die Krankheit überlasse ich den Aerzten. Ist die Schwermuth Temperament: so ist wohl kein besseres Mittel als Zerstreuung, beständiger Wechsel von Vergnügungen, einige ziemlich heftige Bewegungen des Leibes, Reiten, Gehen, Fahren, insbesondere eine tägliche Arbeit anzurathen. Können diese Mittel nicht das Temperament von Grundaus heben: so können sie doch der Schwermuth das Uebergewicht benehmen.

Der andre Fall ist der Hang zur Wollust. Sollte ein junger Mensch von derselben gefesselt zu seinem Verderben hingerissen werden: so muß man ihn (außer oben angegebenen Mitteln) durch allerhand Arten von unschuldigen Lustbarkeiten, Spiel, Jagd, Musik, Tanz und andre, wie sie die Umstände an die Hand geben, zu zerstreuen; ihm nach und nach einen Geschmack an denselben beyzubringen und seine Einbildungskraft von den

Gegen=

Gegenständen seiner Wollust und den Bildern, womit sie sich zur Nahrung derselben beschäfftigt, abzuziehen suchen*).

Das vierte Kapitel.

Von der Disciplin oder der Zucht.

Unter der Disciplin verstehe ich nichts anders, als den Gebrauch der äußerlichen Mittel, die mit der inneren Bildung des Herzens gleichen Hauptentzweck haben; den Zweck, böse Sitten, Gewohnheiten und Neigungen zu schwächen und zu unterdrücken, und hingegen die erweckten guten Neigungen durch äußere Aufmunterung zu erhalten und zu stärken.

Zu diesen Mitteln gehören vornehmlich Belohnungen und Bestrafungen.

Ich darf nicht erst beweisen, daß eine Zucht, oder ein Gebrauch solcher Mittel ohne besondre Klugheit und Behutsamkeit von traurigen und kläglichen Wirkungen sey: die Erfahrung liefert uns mehr Beyspiele, als zu unsrer Ueberzeugung erfodert werden.

Dieser Mangel der Klugheit äußert sich vornehmlich dadurch, wenn man zu oft, wenn man ohne Mäßigung, wenn man in unrechten Fällen und zur Unzeit strafet und belohnet.

Ein Kind, das zu oft gestraft wird, wird endlich ganz hart, unempfindlich, niederträchtig und ist durch keine Vorstellungen und gelinde Mittel mehr zu zwingen. Man macht

*) Siehe den neuen Emil.

macht sich endlich den Gebrauch der Zwangsmittel ganz unentbehrlich nothwendig.

Ein Kind, das ohne Ursach, ohne Mäßigung und Proportion, oder wohl gar aus böser Laune gestraft wird, muß natürlich alle Liebe und Zutrauen zu seinem Lehrer verlieren, und kann ihn nicht anders, als seinen Peiniger und Tyrannen betrachten.

Und was kann man sich alsdenn in der Erziehung versprechen.

Fast eben so viel schadet die Unvorsichtigkeit im Belohnen.

Wie leicht geschiehet es, daß ein Kind, welches von Jugend auf für jede nur einigermaßen zu billigende Handlung belohnet wird, eigennützig wird; so, daß es endlich fast nichts ohne Belohnung, Geld und Geschenke thut, und seinen Gehorsam, so zu reden, nur feil bietet = = =

Jedoch, dieser ganz kurze Abriß von den traurigen Folgen einer Zucht ohne Klugheit, mag genug seyn. Ich gehe zur Sache selbst fort.

Daß man in gewissen Fällen züchtigen und strafen dürfe und müsse, ist eine ausgemachte Sache, bey welcher ich mich nicht aufhalten werde.

Ich werde daher nur 2 Fragen zu beantworten suchen. In was für Fällen muß man züchtigen? Wie muß man züchtigen?

Und zuletzt werde ich noch etwas von der Art und den Fällen der Belohnung sagen.

In welchen Fällen muß man also strafen?

Der häufige Mißbrauch der Zucht macht es leichter, diese Frage mehr mit einer verneinenden Antwort, als mit einer bejahenden zu entscheiden.

1) So

1) So bestrafenswürdig die Faulheit, wenn sie durch keine andre gelindern Mittel, durch keine Vorstellungen, Ermahnungen, Aufmunterung der Belohnung des Fleisses, durch Vergnügungen und andre Sachen, ja auch durch keine wiederholte Drohungen mehr zu heben ist, so bestrafenswürdig alsdenn, sage ich, die Faulheit ist: so unvernünftig, hart und grausam ist es, ein Kind, dem es schlechterdings an Genie und Fähigkeiten fehlet, durch Zwangsmittel und Strafen zu treiben und zu quälen, wenn es etwas nicht auswendig lernen oder nicht begreifen kann.

Die Strafe einer hartnäckigen Faulheit ist also nothwendig: aber doch räthet die Klugheit, sie so selten, als möglich zu machen.

Aber, es ist und bleibt unmöglich, einen natürlichen Dummkopf (um in den Ausdrücken jenes Satyricus zu reden,) mit Maulschellen zum Philosophen und Politikus und mit Prügeln zum Christen zu bilden.

Bey solchen Köpfen ist nie zu ermüdende Geduld bis zur vielleicht erfolgenden Entwickelung der Fähigkeiten und ununterbrochene Uebung zur Beförderung derselben, nöthig, und als das einzige Mittel anzurathen.

2) Fehler der Unwissenheit, des Irrthums, der Uebereilung und jugendlichen Ausschweifung, die keine Bosheit zum Grunde haben, dürfen ja nicht gestrafet werden. Diese Fehler sind eine bloß natürliche Folge eines nicht wohl unterrichteten Verstandes, eines noch nicht gesetzten Gemüthes und der unreifen Jahre. Hier darf also nur der Verstand gehörig unterrichtet, das Gemüth zur Vorsichtigkeit und gesetztem Wesen gewöhnet, die üblen

Folgen

Folgen der Ausschweifung vorgestellet: und die reifern Jahre abgewartet werden.

3) Ueberhaupt, so lange noch andre Mittel möglich sind; so lange ein Kind noch durch Vorstellungen ermuntert, durch Belohnungen gereizt werden kann; muß man durchaus nicht züchtigen.

Der Gebrauch der Ruthe ist ohne die höchste Nothwendigkeit mehr schädlich als nützlich. Sie bessert nie ein Gemüth aus dem Grunde. Sie muß daher nur der Damm seyn, der den Ausbrüchen der hartnäckigen Bosheit, des Eigensinns und Lasters, entgegengesetzt wird; das Messer, womit man das faule Fleisch der Wunde wegschneidet, wenn sie nicht anders zu heilen ist.

Wenn ein Kind nicht gehorchen will, sagt Richardson *), so müssen die Aeltern darauf bestehen: und in diesem Fall wird die Strenge nothwendig seyn. Kluge Aeltern werden also, so wenige Dinge, als nur möglich ist, zu nothwenden Theilen ihrer Pflicht machen, wofern nicht etwa ihr künftiger moralischer Charakter darunter leiden kann.

Wie muß man aber strafen?

1) Man muß mit Mäßigung, ohne Zorn und Affect, nicht aus Rachsucht, sondern bloß aus stiller Ueberzeugung der Nothwendigkeit strafen.

2) Die Strafe muß dem Vergehen gemäß, sie muß gerecht, ja noch mehr, sie muß billig, sie muß noch etwas geringer, als der Grad des Verbrechens seyn, um den Zögling überzeugen zu können; daß er nicht nur die

Strafe

*) Siehe die Geschichte der Pamela.

Strafe verdient, sondern auch im höhern Maaße verdient habe.

Man muß die Strafe mit Vorstellung der Billigkeit derselben begleiten, und ihn dadurch bewegen, über sich selbst das Urtheil zu sprechen.

3) Man muß gelinde zu züchtigen anfangen, und stufenweise fortfahren.

4) Man muß endlich dem Temperament und der Neigung gemäß strafen. Hierinn besteht die größte Klugheit eines Führers.

Man muß dem Gemüthe der Eleven dasjenige entziehen, woran es Vergnügen findet, der Neigung dasjenige versagen, worauf sie gerichtet ist: dies ist eine Strafe, die bey guten und fühlbaren Gemüthern mächtig genug ist.

So entziehe man dem, der Vergnügen und Lustbarkeit liebt, das unschuldige Vergnügen, das man ihm sonst zu gönnen pflegte, und dem, der Empfindung für Ehre hat, entziehe man das Lob, strafe ihn zur rechten Zeit mit Tadel, und endlich gar mit Verachtung.

Von Belohnungen will ich nur ein Wort sagen.

Man muß belohnen; dies ist ausgemacht.

Aber wenn? Nicht immer, nicht zu oft; nicht für jede kleine gute Handlung, damit sie nicht aus Eigennutz Gutes thun, als wodurch die Handlung ihren wahren Werth verlieret, und damit man nicht die Belohnung zum Gehorsam und zur Tugend nothwendig mache. Nur alsdenn kann man belohnen, wenn der Eleve mehr als seine Schuldigkeit gethan; wenn er sich durch eine vorzüglich edle, schöne und vortreffliche That ausgezeichnet hat, aber auch in diesem Fall nicht immer.

Und wie muß man belohnen?

1) So, daß man zugleich immer das Schuldige und Pflichtmäßige der belohnten Handlung überzeugend vorstellet. Der kluge Richardson sagt: Der Allmächtige macht durch Belohnungen und Strafen es sowohl zu unserm Vortheile, als zu unsrer Pflicht, ihm zu gehorchen; und können wir uns wohl bey der Erziehung unsrer Kinder ein besonderes Beyspiel vorstellen?

2) Die Belohnungen müssen unschuldig seyn. Sie müssen nicht unächte und strafbare Neigungen erwecken und unterhalten. Sie müssen nicht zur Wollust und zur Uppigkeit leiten. Wie wohl sollten sich dieses Aeltern merken, die ihre Kinder durch nichts, als Leckerbissen, schöne Kleider und dergleichen belohnen!

3) Man muß eben so, dem Temperament gemäß, belohnen als bestrafen. So wie bey einem zur Ehre empfindsamen Gemüthe der Tadel Bestrafung genug ist: so ist auch bey eben demselben kluges und zeitiges Lob Belohnung und Aufmunterung genug.

4) Endlich muß das Gemüth von der Liebe zur Belohnung, zur Liebe der Pflicht erhoben werden; zur Pflicht, die doch allezeit von einer unsichtbaren, geheimen und heimlichen Belohnung unzertrennbar ist.

Ich schließe und unterstütze hier meinen Vorschlag mit den Worten des schon mehrmals erwähnten großen Sittenlehrers, der auch so manche Regel zur guten Zucht giebt:

„Wenn das Gemüth eines Kindes, wenn es heranwächst, von der Liebe der Belohnung zur Liebe sei-

„ner

„ner Pflicht, um der Pflicht willen, kann erhoben wer„den: so muß man es auf alle Art zu bewerkstelligen „suchen.

Ich bin hier mit Fleiß kurz gewesen, weil schon sehr viel Gutes in diesem Kapitel von andern gesagt worden ist. Unter andern verdienen einige Betrachtungen des Greises darüber nachgelesen zu werden.

Das fünfte Kapitel.

Von der Politik oder Klugheit zu leben.

Wenn ich hier von Politik rede, zu welcher man die Jugend ziemlich früh gewöhnen muß, so wird ein jeder leicht erachten: daß ich hier nicht die falsche Kunst verstehe, von der Blödsinnigkeit, Irrthum und Thorheit andrer, und von seiner eigenen Ueberlegenheit so viel Vortheil zu ziehen, als man kann; die Kunst, die sich auf den Wahrheit feindlichen theoretischen Grundsatz stützet. Man kann alles beweisen und alles widerlegen: man muß alles beweisen, wovon man Nutzen ziehen, alles widerlegen, was Schaden und Nachtheil bringen kann. Ich verstehe hier nicht diejenige Kunst, von welcher sich schon zu den Zeiten eines weisen Sokrates gewisse Leute unter dem Ehrentitel der Sophisten nähreten, und von welcher itzt noch der falsche Weise glaubt, daß sie die Seele der Glückseligkeit der Personen, der Familien und der Staaten sey. Nein! diese

Politik meyne ich nicht; ich meyne eine andre, die von den Grundsätzen der Vernunft gebilliget, und den Aussprüchen der göttlichen Religion bestätiget wird, und welche eben sowohl das zeitliche Glück gründet und bauet, wenigstens dasselbe sichert, und die schädlichen Angriffe auf dieselbe entwaffnet, als sie von der sittlichen Verfassung der Welt nothwendig gemacht wird.

Vortheil und Interesse ist itzt fast die allgemeine Triebfeder aller Handlungen, die Seele der Welt. Jeden beschäfftiget der Bau, die Befestigung und Vermehrung seines Glücks, und sollte es auch zum Nachtheil, Schaden, Abbruch, ja auch wohl gar, wenn es nöthig ist, zum Sturz und Ruin seines Nächsten geschehen. Fast niemand ist hierzu zu gewissenhaft.

Die Welt ist noch voller Sophisten. Wie viel Behutsamkeit ist also nicht nöthig, unter solchen Leuten zu leben! wie viel Vorsichtigkeit, sich nicht in ihre Netze zu verstricken, wie viel Klugheit, ihre arglistigen Kunstgriffe zu vereiteln, und wie viel genaue Sorgfalt, nicht an den verborgenen Klippen dieses gefährlichen Meeres unvorsichtig zu scheitern. Was für Gefahr also für einen jungen Menschen, der ohne Weltkenntniß, Erfahrung und gesetztes Wesen zum erstenmale den verworrenen Schauplatz der Welt betritt, oder, daß ich mich noch besser ausdrücke, der zum erstenmale die große Masquerade derselben besucht! Es wird ihm gewiß gehen, wie dem Candide eines Voltaire. Candide ist ein Buch, das die Meynung des Herrn von Leibnitz von der besten Welt oder dem Optimismo durch die Erfahrung widerlegen, oder vielmehr lächerlich ma-

chen

chen soll. Der Verfasser führet einen jungen Menschen voller Unschuld und dummer Einfalt in die Welt, und lässet ihn an sich selbst und andern die schrecklichsten Unglücksfälle in allen Welttheilen erleben, die so gehäuft sind, daß sie fast alle Wahrscheinlichkeit verlieren. Wenn dies Buch nicht von dieser Seite verführerisch wäre, und überdies einige Gemälde enthielte, die die Einbildungskraft erhitzen, und den Zunder der Wollust entflammen könnten: so wäre es ein guter Roman, um die Jugend zu lehren, wie sehr unglücklich man sich durch unzeitige Vertraulichkeit und Mangel der klugen Verschwiegenheit machen könne; denn alle Unglücksfälle, die Candide erlebt, kommen daher, weil er sein Herz immer auf der Zunge trägt.

Um glücklich in dieser Welt fortzukommen, dazu gehöret überdies noch die Kunst, von jeder Gelegenheit auf eine erlaubte Art Nutzen zu ziehen, und jeden Umstand, auch den widrigen, in das System seines zeitlichen Glücks (denn ein Kluger handelt auch hier nie ohne System) geschickt mit einzuweben, oder wenigstens den Schaden desselben zu vermeiden.

Die Klugheit nun, die Klugheit den Fallstricken des arglistigen Eigennutzes zu entgehen, und die Kunstgriffe des Neides zu vereiteln: die Klugheit der jedesmaligen Situation, den Umständen, der Zeit, Gelegenheit und dem Charakter der Personen, mit welchen man zu thun hat, gemäß zu handeln, nenne ich die Politik; und wer kann zweifeln, daß eine solche Politik, die sich bloß mit der Vertheidigung, und nicht mit dem Angriff beschäfftiget, die, daß ich so rede, nur defensiv, nicht offensiv gehet, erlaubt und anzurathen sey?

Ich hätte hier Gelegenheit und Materie genug, mich sehr weit auszudehnen: allein dies ist meiner Absicht zuwider. Ich will mich nur hier begnügen, einige Regeln zur Bildung eines jungen Gemüths zu dieser Klugheit zu geben.

1) Das, wozu man die junge Welt nie zu frühzeitig anleiten kann, und welches auch hier als das erste und als die Grundlage von allem anzurathen hat, ist die Kenntniß der moralischen Welt aus den herrschenden Maximen ihrer Handlungen.

Zu dieser zu gelangen haben wir einen doppelten Weg; theils die genaue Aufmerksamkeit auf dieselbe; theils die Selbsterkenntniß, oder die Bekanntschaft mit seinem eigenen Herzen.

Wenn man sich in die Tiefen und Klüfte seines eigenen Herzens hinabläßet, wenn man es aufrichtig mit sich selbst umgehen läßet, wenn man bis auf die erste und geheimste Spur unsrer Neigungen zurückgehet, und so den Ursprung und die Erzeugung derselben erforschet, auf die unerwarteten Wendungen des Herzens mit geschärfter Aufmerksamkeit siehet, und mit den Umständen, die dieselbe veranlassen, zusammenhält: so wird uns unser Herz eine kleine Welt werden, um die große kennen zu lernen; so wird es uns die verborgensten Räthsel der Herzen anderer erklären, und uns in die geheime Werkstätte ihrer Handlungen hineinschauen lassen.

Und bemühen wir uns zugleich, die Hauptneigung, Triebfeder und den Charakter des Herzens der Personen, mit welchen wir zu thun haben, auszuspähen, und hiermit

hiermit die genaueste Aufmerksamkeit auf alle Umstände zu verbinden, so wird unser Herz bald eine Wahrsagerinn der Handlungen derselben werden. Eben so nothwendig ist 2) ein vernünftiges Mißtrauen. So unvernünftig und beleidigend das Mißtrauen gegen eine Person, die der Welt und uns selbst viele Proben ihrer Rechtschaffenheit und Treue gegeben hat, ist; so vernünftig ist das Mißtrauen gegen Menschen, von welchen wir diese Ueberzeugung noch nicht aus Gründen haben, zumal für einen jungen Menschen, der sich zum ersten male auf dem Schauplatze der Welt zeiget. Die Verstellung ist groß. Man darf der Larve nicht trauen. Man traue der schönsten am wenigsten, als welche oft das häßlichste Gesicht verbirgt. Man kann daher die Regel der Alten: fide, sed cui vide! und die Warnung jenes Dichters: Nimium ne crede colori, dem Jünglinge nicht genug empfehlen.

Der Mangel dieses Mißtrauens, ein unüberlegtes Vertrauen, hat gemeiniglich eine unzeitige und übel angebrachte Aufrichtigkeit, oder wohl gar eine Geschwätzigkeit zur Folge, die uns in die verdrießlichsten und traurigsten Umstände verwickeln kann: so wie die erwünschte Wirkung desselben eine kluge und nie genug zu empfehlende Verschwiegenheit ist; eine Verschwiegenheit, die sich nicht über jede gleichgültige Kleinigkeit erstreckt, und also in den belachenswürdigen Charakter des Geheimnißvollen beym Holberg ausartet; sondern eine Verschwiegenheit über Sachen, die es verdienen, Geheimnisse zu seyn, und nach welcher er insbesondere das ganze System, seine Absichten zu verbergen weis, wenn es die Umstände zu seinem Glücke nothwendig machen.

Von dieser Verschwiegenheit, die Narbal so sehr bey der Jugend eines Telemaque, dem sie sein Vater bey seiner Abreise über alles anempfohlen hatte, bewundert, sagt Fenelon mit Recht:

S'accoutumer au secret dans la jeunesse - - - c'est le fondement de la plus sage conduite, & sans laquelle tous les talens sont inutiles.

Ueberhaupt muß sich die Politik in Beobachtung gewisser Regeln gegen Höhere, gegen Niedere und gegen seines Gleichen äußern.

Im Verhalten gegen Niedere ist der Kluge gleich weit vom Stolz und Familiarität entfernt, und jeder ist ihm, wenn er seinem Stande und Beruf würdig lebt, wenn er in seiner Sphäre das ist, was er seyn soll, ein schätzbarer Mann. Gegen seines Gleichen ist er mit einem Anstande, der ihm Hochachtung erweckt, freundlich und gefällig, gesprächig, und doch verschwiegen; er lebt von ihnen in einer gewissen Entfernung, doch ohne Hochmuth und Verachtung, bis er sie erprüfet, zu seinem Freunde würdig erprüfet. Diesem ist er alles; ganz Vertrauen und Aufopferung, und nur diesem allein offenbaret er sich in seinem ganzen Werthe und Schätzbarkeit. Dem Großen unterwirft er sich, aber ohne Schmeicheley und Wegwerfung, mit einem Anstande, Stärke und edler Freymüthigkeit, die jenen selbst gefallen muß. Und so ist er die Hochachtung der erstern, die Liebe der andern, und erwirbt sich den Beyfall und das Wohlgefallen der letztern.

Außer

Außer oben genannten Manuel moral, ou maximes pour se conduire sagement dans la monde; ist mir noch ein kleines schätzbares Buch bekannt, nach welchem man der Jugend die Theorie der Klugheit zu leben beybringen könnte. Es führet den Titel: La véritable politic de personnes de qualité, und Herr Gottlieb Stolle hat es mit einer Vorrede begleitet.

Das sechste Kapitel.

Der Charakter eines würdigen Hofmeisters.

Ich werde hier weder ein vollkommen ausgemaltes Bild eines Mentors versprechen noch liefern: Nein! hierzu fühle ich mich zu schwach; meine Beschreibung wird nur in abgebrochenen Stücken, meine Schilderung nur in unvollkommenen Zügen bestehen, um theils das, was zur Bildung des Verstandes und Herzens ist gesagt worden, in einem sehr kurzen Auszuge zu wiederholen, theils, um dasjenige, was derselben zur Vollkommenheit noch fehlet, nachzuholen.

Ich werde den Charakter eines solchen Mannes von dreyen Seiten zeigen, wie er an sich selbst, wie er im Betragen gegen andre, wie er in seiner Bestimmung seyn muß.

Ein Hofmeister muß ein Mann seyn von richtigen, freyen und edlen Grundsätzen, die auf feste Ueberzeugung gebauet sind, und von denen er nie abweicht. Ein Mann, so gesetzt und zuverläßig in seinen Reden, wie in seiner Wissenschaft; von einer sanften Gemüthsart, ohne allen Anstrich; ein Mann, der als Herr seiner Leidenschaften sich immer gleich bleibet, der durch Erfahrung und Reisen viele Kenntniß der Welt und reife Klugheit erlangt, und seinen moralischen Charakter allezeit unsträflich erhalten; der die Ehrerbietung, die man seinem Amte und ihm schuldig ist, bey jederman zu erhalten weis, indem er niemals denselben weder durch allzugroßes Nachsehen, übertriebene Gefälligkeit, unzeitige Höflichkeit und kriechendes Wesen, wovon er eben so weit, als von einer pedantischen Größe, gebieterischer Miene und dictatorischen Worten entfernt ist, verunziert; ein Mann, dessen Aufführung leicht, artig und ungekünstelt ist.

Und wie hochachtungswürdig kommt er mir vor, wenn ich ihn in seinen erhabenen Bemühungen um die Jugend betrachte!

Er ist gleich einem Gärtner. Er bearbeitet, säet und pflanzt. Er ist aufmerksam auf jeden Keim, den das Herz treibt. Er pfleget und begießet ihn, wenn er gut ist. Er rottet aus, wenn er böse ist. Gehet der ins Herz gelegte Saame nicht auf, so säet er von neuem ꝛc.

Er ist gleich einem weisen Arzt, der den Zustand seines Patienten und seiner Natur vollkommen ausstudiret, und daraus die angemessensten bestimmt; der mit balsamischen Mitteln und angenehmen Süßigkeiten, der aber auch, wenn es nöthig ist, mit Bitterkeit heilet. Seine Hand bildet mit väterlicher Sorgfalt den Verstand

stand seines Jünglings durch Natur zur Tugend; setzt sein Herz mit demselben in wahre Symmetrie, und seine Neigungen in die lieblichste Harmonie zur Tugend, in deren Schmuck es sich zu seiner erhabenen Würde, zur Aehnlichkeit des Schöpfers erhebt, und wodurch es sich, da es nicht anders, als in der Richtung nach demselben, so wie die Magnetnadel nicht eher, als in ihrer Richtung nach dem Pole ruhig seyn kann, in seinen eignen Ruhepunkt versetzt.

Er ist es, der in der Person des Menschen, als Thier gebohren, der Welt einen nützlichen Bürger, der Gesellschaft ein gesundes Mitglied, dem Vaterlande einen vernünftigen Patrioten, und dem Himmel einen Bewohner erzieht.

Er weiset ihm zwischen Aberglauben und Unglauben den Mittelweg des vernünftigen Glaubens; zwischen Kaltsinn und wilden Enthusiasmus gesetzte Empfindung; zwischen Lieblosigkeit und unbesonnener Liebe des Nächsten vernünftige Liebe; zwischen gänzlicher Entfernung und unvorsichtiger Vertraulichkeit kluge Freundschaft; zwischen Verschwendung und Geiz die Sparsamkeit; zwischen Unmäßigkeit und übertriebener Enthaltsamkeit die wahre Mäßigkeit; zwischen Hochmuth und Niederträchtigkeit gerechte Schätzung seiner selbst; zwischen Gewinnsucht und Nachläßigkeit wahre Fürsichtigkeit; zwischen Sorglosigkeit und ängstlicher Besorgniß, Uebermuth und Verzweiflung, gesetzten und unüberwindlichen Muth. Durch diesen Irrthum führet er ihn zur glücklichen Vermeidung der Abgründe zu beyden Seiten hin. Er bezeichnet ihm jede Klippe, an welcher er scheitern, die verborgenen Sandbänke, auf welchen

welchen er stranden kann. Er lehret ihn, die bezaubernde Sirenen-Stimme zu fliehen, und im Sturme den Anker auswerfen.

Mit der Weisheit eines Mentors *) sucht er ihn von alle dem zu entfernen, was seinen Geist weichlich machen kann, lehret ihn, daß der Ruhm der Weisheit sich nur denen Herzen schuldig sey, die die Arbeit zu ertragen und die Vergnügungen unter die Füße zu treten wissen, und bildet nach und nach seine Seele zu einer männlichen Größe. Als solcher lehret er ihn die süßeste Schmeicheley mehr fürchten, als Klippen, welche das Schiff scheitern machen, und selbst das größte Lob guter Richter mit Bescheidenheit zu verachten; nicht weil er es nicht liebte, sondern aus weiser Furcht, es zu viel zu lieben. Schiffbruch und Tod lehret er ihn denen Vergnügungen vorziehen, die die Tugend angreifen, weil jene weniger tödtlich sind.

Er entreißt ihn einer verführerischen Göttinn und den Armen der süßesten Wollust, die ihn unter bezaubernden Schmeicheleyen zum grausamsten Raube würde gemacht haben.

Und ehe er ihn aufs neue der Gefahr, in seine Schwachheiten zurück zu fallen, aussetzt; so reißt er ihn lieber vom steilesten Felsen mit sich unter die spielenden Wellen des Meeres herab, und lässet ihn in seinem Innern erfahren, daß man das Laster nicht anders, als durch die Flucht überwinden könne. Nun zernaget zwar eine bittere Reue sein Herz, sein Gemüth stillet sich aber

*) Diese Züge sind mit einigen Veränderungen aus dem Telemaque entliehen.

aber bald wieder, und nun entflammt in ihm der erhabenste Vorsatz: nicht das Meer, nicht Winde, nicht Ungewitter so sehr zu fürchten, als seine Leidenschaften.

Durch solche Erfahrung, zur Vorsichtigkeit gewöhnet, macht ihm nun die Furcht, daß sie sein Herz dahinreißen möchten, alle Vergnügungen, auch die unschuldigsten verdächtig, bis ihn sein Mentor überzeugt: daß Weisheit und Tugend nichts Mürrisches und Erzwungenes habe, daß sie ächte Vergnügungen gönne, die unschuldigen allein zu würzen, und die ernhaften Geschäffte mit Spiel und Scherz zu vermischen wisse.

In Gefahren muntert er ihn mit dem göttlichen Worte auf: daß die, so Gott fürchten, nichts von Menschen zu befürchten haben.

Er führet ihn auf diese Welt, wie auf eine große Schaubühne, lehret ihn die Rolle jedes Menschen kennen; seine eigene aber mit der größten Klugheit spielen.

Bald lehret er ihn auf seinen Reisen einen menschenfreundlichen Sesostris, bald einen menschenfeindlichen Bocharis, bald ein Ungeheuer des Geizes und der Wollust, einen Pygmalion, der noch dazu seine eigne Grausamkeit zum ärgsten Sklaven macht, kennen.

Hier zeiget er ihm den Stolz und Uebermuth eines Protesilaus im Glücke, seine Kleinmuth und Niederträchtigkeit im verdienten Unglücke, und lehret ihn weislich: daß allein Tugend und reines Gewissen uns gleich gesetzt in beyden; im erstern nicht übermüthig mache; im andern unverzagt erhalte. Dort zeiget er ihm in

der

der Wildniß das reizende Bild der glücklichen Armuth in der Person eines gestürzten Hegesypp, der durch seinen Fall vom ungestümen Meere in den ruhigen Hafen geworfen, aus der Wüste des Hofes in die lachenden Gefilde der stillen Zufriedenheit versetzt zu seyn glaubt, der Könige, wegen ihres unglückseligen Glücks beweinet, dem das mäßige, ruhige und arbeitsame Leben der Dürftigkeit ein neues Temperament schafft, und die unter dem Verdrusse des Hoflebens erstorbene Gesundheit wieder aufleben, und die verwelkten Rosen seiner Wangen wieder aufblühen macht.

Noch mehr! Er lehret ihn einen weisen Minos kennen, dessen Gesetze ihn in den Herzen seiner Unterthanen mehr als marmorne Denkmäler verewigen; einen König, der die Jugend seines Landes zum einförmigen, nüchternen und arbeitsamen Leben gewöhnet, damit sie, weil die Wollust beydes schwächt, am Geist und Leibe stark werden; einen König, welcher sie lehret, Reichthümer und unedle Vergnügen zu verachten, und dieselben allein in einer unüberwindlichen Tugend und wahren Ruhme zu suchen; einen König, der drey Laster bestraft, die bey andern ungestraft hingehen; die Undankbarkeit, die Verstellung, den Geiz.

Er lehret ihn sein glückliches Land kennen, wo, weil jederman arbeitet, und niemand sich zu bereichern denkt, sondern sich durch Nothdurft und ein ordentliches ruhiges Leben hinlänglich belohnet glaubt, Hochmuth, Stolz und Weichlichkeit unbekannte Namen sind; ein Land, wo man kein prächtiges Hausgeräthe, keine stolzen Kleider, keine üppigen Festins findet; wo die Gastmahle

nüchtern

nüchtern sind; wo man genießt, was die gütige Hand der Natur unmittelbar giebt: ein Land, wo man keine vergoldeten Palläste, aber Wohnungen findet, die reinlich und bequem sind, und lachenden Aufputz mit Geschmack, aber keine verschwenderischen Zierrathe haben; wo die stolzere Baukunst zwar nicht unbekannt, aber nur den Wohnsitzen der Götter heilig ist; wo nicht die Sterblichen in Häusern gleich denen der Unsterblichkeit wohnen; ein Land, wo Gesundheit, Stärke, Muth, Friede, Einigkeit der Familien, Harmonie der Glieder mit dem Haupte, Freyheit aller Bürger, Ueberfluß aller nöthigen Sachen, aber Verachtung des Ueberflusses herrscht; wo Fertigkeit in der Arbeit und Abscheu des Müßigganges, Nacheiferung der Tugend, Unterwerfung an die Gesetze, und die Furcht der gerechten Götter die höchsten Güter sind: ein Land, in welchem sich das goldene Zeitalter von den fernen Zeiten Salneus her erhalten zu haben scheint, und welches dem Himmel selbst gleich ist.

Durch sich selbst lehret er ihn endlich die kluge Wachsamkeit über sein Temperament, als über den gefährlichsten Feind, welcher ihn schwach, klein, in seinen Handlungen ungleich, und der Gesellschaft unerträglich macht; aber Temperament und Leidenschaft, welche den Geist verzehret, die besten Talente verdunkelt, und die schönsten Gelegenheiten aus den Händen lässet.

Für allen Dingen preiset er ihm die Furcht der Götter an, als den größten Schatz des menschlichen Herzens, mit welchem Weisheit, Gerechtigkeit, reinestes Vergnügen, Zufriedenheit, wahre Freyheit, angenehmer

mer Ueberfluß und untadelhafter Ruhm vom Himmel herabkommt.

Endlich siehet er unschätzbare Belohnung; er siehet in dem Bilde des edlen Jünglings seinen Abdruck; er siehet sein Daseyn verdoppelt. Er fühlet das Glück der Zufriedenheit der Väter über wohlgerathene Söhne, und sein Haupt wird von der Hand des Jünglings mit himmlischen Lorbeer bekrönt:

Ode.

Il n'est ici bas rien de stable;
Tout passe si rapidement,
Que le bonheur le plus durable
N'est presque, qu'un heureux moment.
Mortel en désirs si fertile,
Pourquoi tant de peine inutile
Pour multiplier tes besoins?
Vis ainsi, qu'ont vecu tes péres,
Et songes que tu n'as pas guères
A jouir du fruit de des soins.

Toi, qu'une avidité sordide,
Entraine loin de tes fayers,
Et qui prenant Plutus pour guide,
Vole en des Climats étrangers,
Helas! quel fol espoir & enivre!
Il le reste un instant à vivre;
La Parque aprête son ciseau.
Tu cherche envain de nouveaux mondes;
Vois sous foi, l'abime des ondes,
S'ouvrir pour être ton tombeau,

Toi

Toi, qu'une fureur meurtriére
Précipite dans les combat,
Ne c'est, qu'en égorgeant ton frère
Que tu veux signaler tes bras?
En faisant périr ton semblable
Tu n'es, qu'un monstre detestable
En horreur à l'humanité.
Crains, que le Maître du tonnerre
Bientôt n'affranchisse la terre
Des traits de ta férocité.

Toi, qui, du juste, qu'on oprime
Bien loin de soutenir les droits,
Pour donner plus de force au crime
Derobe le glaive des loix,
Vil ministre de l'iniustice,
Si Dieu differrn ton supplice,
L'arret n'en est pas moins certain.
Il va ce Juge redoutable
Lancer sur la tête coupable
La foudre, qu'il a prête en main.

Vous, dont le pouvoir despotique
Tient nos libertés dans le fers,
Pourquoi sous un joug tyrannique
Prétendre asservir l'Univers?
Quand à tous les peuples esclaves,
Tous aurés donné des entravers,
Qu' attendez-vous de vos exploits?
Abhorrés de la terre entière,
Eviteres Vous la colére
De celui, qui punit les Rois?

Hipocrite, au Visage blême
Et d'austérités abattu,
Qui trompez-tu, si non toi même
Par ces faux dehors de vertu?
Sepulchre blanchi! pour me plaire,
Tu parens le cilice et la haire!
Quel aveuglement est le tien!
Tantis que le Mortel t'encense
Dieu te montre ta recompense
Ecrite au code du Chretien.

Medisant, dont la bouche infecte
Ternit, de son soufle empeste,
L'innocence la moins suspecte,
Le talent le moins conteste;
Qui, par d'odieux artifices,
Transforme les vertus en vices,
Et le vrai mérite en défaut,
Un jour, ta plus rude torture
Sera de voir la vertu pure
Aux pieds du trône du Tres-Haut.

Toi, que la crainte et l'espérance
Consument insensiblement,
Qui trouve, dans la jouissance,
Et ton plaisir et ton tourment,
Eusses-tu cent fois plus encore,
La soif de l'or, qui te dévore,
Ne feroit, qu'accroitre tes maux.
Miserable dans l'abondance!
Je vois en toi la ressemblance
De Tantale au milieu des eaux.

Toi, dont l'audace téméraire
Attaque la divinité
Insecte! Tu veux te soustraire
A la supreme autorité!
Je passe la Sainte-Ecriture,
Lis, au livre de la nature
Le nom sacré de son Auteur.
Mais, sans chercher un autre embléme,
Rien prouve-t-il, mieux, que toi même,
L'existence d'un Créateur?

Ingrats, flateurs, amis perfides,
Ennemis de la vérité,
Voleurs, assassins, parricides,
Artisans de l'iniquité,
Coeurs corrumpus, ames féroces,
Si, contre vos crimes atroces,
Dieu n'a pas encore tonné
Craignez enfin, qu'il' ne compense,
Par une éternelle vengeance,
Le délai, qu'il' Vous a donné.

Mais Vous hommes incorruptibles,
Coeurs généreux, reconnoissans,
A l'injustice inaccessibles,
Humbles, pieux, compatissans,
Votre ame, ici bas à la gêne,
N'aspire, qu'à rompre sa chaîne,
Pour voler vers l'éternité.
La mort, au pécheur formidable,
Vous ouvre la route agréable,
Qui méne à la felicité,

* * *

Der dritte Haupt-Abschnitt.

Von der Bildung des Geschmacks.

Die genaue Verschwisterung, welche zwischen Verstand und sinnlicher Erkenntniß zwischen Philosophie und Geschmack ist, macht es einem Lehrer möglich, und nicht nur möglich, sondern auch leichter, beyde zu verbinden; und weis er dieses auf eine geschickte Art zu thun: so wird der Erfolg davon doppelt glücklich seyn.

Ich werde hier zweyerley thun. Ich werde den Begriff des Geschmacks angeben, erläutern und eintheilen, und nachher die vornehmsten Mittel, denselben zu bilden, vorschlagen.

Das erste Kapitel.

Vom Geschmacke selbst.

Wir beurtheilen eine Sache, wenn wir ihre Vollkommenheit und Unvollkommenheit erkennen. Das Vermögen, Dinge zu beurtheilen, nennen wir die Beurtheilungskraft.

Diese Beurtheilung geschiehet entweder durch deutliche Entwickelung und Auflösung der Begriffe bis auf die ersten und wesentlichen Grundsätze der Vollkommenheit, oder

oder es geschieht blos nach den Sinnen und also undeutlich. Jene nennen wir die obere und vernünftige, diese die untere oder sinnliche Beurtheilungskraft.

Die Vollkommenheit, in sofern sie sinnlich erkannt wird, nennt man Schönheit; die Unvollkommenheit, in sofern sie sinnlich erkannt wird, ist Häßlichkeit.

Dies ist der Begriff der Schönheit, den ich vom Herrn Prof. Meyer aus seiner Aesthetik entliehen und nach demselben ist der Geschmack die Fertigkeit, die Schönheiten und Häßlichkeiten der Dinge wahrzunehmen. Und da die Vollkommenheit nach dem Begriffe des Philosophen, in der Uebereinstimmung des Mannichfaltigen zu Einem bestehet: so kann man auch sagen: daß der Geschmack die sinnliche Empfindung der natürlichen Schönheit aller Zusammenstimmung, folglich der Ordnung, Symmetrie und des Ebenmaaßes und die sinnliche Empfindung des Häßlichen, aller Disharmonie und Unordnung sey.

Diesen Begriff des Geschmacks will ich durch folgende daraus hergeleitete Folgen und Anmerkungen näher aufklären und bestätigen:

1) Das Sinnliche und Undeutliche der Erkenntniß ist es also, welches eine Vollkommenheit zur Häßlichkeit macht.

2) So bald also das Sinnliche sich in das Vernünftige, das Undeutliche sich in das Deutliche auflöset, und dieses geschieht, so bald man ein Ganzes Stückweise zu zergliedern anfängt: so bald höret die Schönheit auf, Schönheit, und die Häßlichkeit Häßlichkeit zu seyn; Vollkommenheit und Unvollkommenheit bleibt sie immer.

Man nehme das Gesicht einer Schöne; man zertheile es in Gedanken, und stelle sich jeden Theil desselben besonders für Augen, Nase, Ohren, Mund rc. man hebe Verhältniß, Proportion und Symmetrie des Mannichfaltigen auf. Man gehe weiter in der Zergliederung, und je weiter man kommt, je ein abscheulicheres und ekelhafteres Bild wird man haben.

3) Je sinnlicher man also eine Sache erkennt, desto mehr Schönheit und Häßlichkeit hat sie für unsre Empfindung. Die ersten Blicke in eine Landgegend bringen das größte Vergnügen zurück; je länger und öfter ich sie betrachte: destoweniger Reize kann sie sich für mich rühmen. Quotidiana vilescunt? Man lese ein schönes Gedicht, das uns zum erstenmale bezaubert, 2, 3 oder viermal: so wird man es endlich mit kaltem Blute lesen. Eben so gehet es mit der Empfindung der Häßlichkeit. Wenn man ein scheußliches Gesicht zum erstenmal siehet: so erschrickt man. Man fühlt alles, was Ekel und Abscheu heisset. Aber, wie bald verliert sich dieses bey einem wiederholten Anblick!

4) Das Gebiet des Geschmackes ist also sehr weit. Es ist mit dem Gebiete der Sinnlichkeit vom gleichem Umfange. Es giebt also einen Geschmack der Augen, der Ohren, der Zunge rc.

5) Da die Vollkommenheit die Zusammenstimmung des Mannichfaltigen zu einem ist: so muß der, der die Schönheit beurtheilen will, eben so, wie bey der Vollkommenheit a) das Mannichfaltige entdecken, b) den Zweck oder Brennpunkt des Mannichfaltigen richtig zu bestimmen

men und c) die Zusammenstimmung des Mannichfaltigen zu demselben, zu erkennen sich bemühen.

Bey der Häßlichkeit ist auch Mannichfaltigkeit: aber keine völlige Uebereinstimmung zu einem, oder wohl gar eine sehr merkliche Disharmonie, die oft bis zum Widerspruch steigt; und dies ist der höchste Grad derselben.

So wie aber keine Vollkommenheit ohne Mangel keine vollkommene Zusammenstimmung ohne alle Disharmonie möglich ist: so ist auch für uns keine Schönheit möglich, die nicht mit einiger Häßlichkeit verunstaltet wäre; jedoch, wenn dieselbe nur gering ist: so dienet sie zur Erhöhung der Empfindung der Schönheit. Eine prächtige Landgegend kann uns als Beyspiel, den Begriff der Schönheit erläutern; eine Gegend, wo Berge, Ebnen, Felder, mit den herrlichsten Früchten und bunten Saaten schattiret; mit beblumeten Wiesen und den anmuthigsten Thälern abwechselt, durch welche sich ein Fluß in majestätischem Laufe windet, in welchen sich unzählbare Bäche unter harmonisch - murmelndem Geräusche muthwillig schlängeln und andre mit wildern Getöse von jähen Felsen herabstürzen, wo die muntersten Heerden meinen Augen Vergnügen hüpfen, wo die begeisterten Sänger des Waldes, der endlich den fast unsichtbar weiten Prospect gleich einem Amphitheater schließt, mir himmlische Entzückungen zu singen; eine Landgegend, die selbst ein Temperament verdunkelt, kurz! wo sich alles vereinigt, Berge, Thäler, Flüße rc. mein wollüstiges Auge zu befriedigen, mein lüsternes Ohr zu bezaubern und meinen Geist mit dem süßesten Enthusiasme trunken zu machen;

 eine

ein solche Gegend, wo zugleich eine kleine Wüste, die sich dem Auge mitten auf diesem reizenden Schauplatze zeigt, im vortrefflichsten Contrast, die Empfindung der Schönheit erhöhet, und wo also alles zum vollkommensten Vergnügen zusammen stimmet, mag ein Beyspiel seyn, den Begriff der Schönheit zu erläutern.

6) Da nun die Unterscheidung des Mannichfaltigen ein Geschäffte des Scharfsinnes, und zwar, wenn sie blos sinnlich ist, des sinnlichen Scharfsinns und die Vergleichung des Mannichfaltigen mit seinem Endzwecke ein Geschöpfe des Witzes und wenn sie sinnlich ist, des sinnlichen Witzes ist: so ist also der Geschmack eine Frucht des scharfsinnigen Witzes. Wer also seinen Geschmack verbessern, berichtigen und verfeinern will; der muß diese beyden Vermögen vervollkommen.

7) Und da Scharfsinn und Witz Talente sind, nicht einem jeden in gleichem Maaße verliehen; so folgt daraus: daß der Geschmack zugleich ein Resultat des Genie sey, und daß er also durch alle diejenigen Gründe bestimmt werde, durch welche jenes bestimmt wird.

Der Geschmack ist verschiedener Vollkommenheiten fähig.

1) Die Richtigkeit desselben besteht in der Fertigkeit, in seinem Urtheile über Schönheit und Häßlichkeit nicht zu irren; das ist, das nicht für schön zu halten, was wirklich häßlich ist und umgekehrt. Jedoch! dies muß man nicht nach den strengsten Gesetzen der Metaphysik beurtheilen: Nein! das Gebiete derselben höret da auf, wo man nur blos sinnlich von der Vollkommenheit, Unvollkommenheit, Ordnung und Unordnung urtheilt.

2) Die

2) Die Feinheit des Geschmacks; das Delicate desselben besteht darinn, wenn man auch so gar im Stande ist, in den Kleinigkeiten eines Ganzen, das Schöne und Häßliche, die geringste Harmonie und Disharmonie, die andern unmerklich ist, zu entdecken. Als wenn ich bey einem Heldengedichte das Schickliche und Unschickliche auch der geringsten Episoden, mit welchen der Dichter seine Epopee verzieret hat, zu entdecken und ihr richtiges Verhältniß zu derselben genau zu bestimmen weis. Jedoch aber muß sich diese Freyheit nicht bis zu den geringsten und nichtswürdigsten Kleinigkeiten, die unter den Horizon des Geschmacks erniedrigt sind, herablassen. Ein solcher würde sich einer Pedanterie schuldig machen, und hier eben das seyn, was in der Kleidung ein Petitmaitre ist.

3) Die Ausdehnung des Geschmacks ist diejenige Vollkommenheit, nach welcher er fähig ist, von den Schönheiten und Häßlichkeiten vieler Dinge zu urtheilen.

Wenn man also nicht nur die Schönheit eines Gemäldes, sondern auch eines Gedichtes, eines musikalischen Stücks 2c. beurtheilen und hier bis zu den ersten und einfachesten Grundregeln der Kunst zurück zu gehen weis; so besitzt man einen ausgedehnten Geschmack.

4) Die Stärke des Geschmacks bestehet darinn, wenn ich nicht nur in kleinern und mittlern; sondern auch in großen und erhabenen Gegenständen das Schöne und Häßliche zu entdecken weis, und je stärker, lebhafter und reicher unsre Vorstellungen davon sind; desto stärker ist unser Geschmack. Ein schlechter Geschmack ist also

ein solcher, dem bey der Richtigkeit auch die übrigen Vollkommenheiten fehlen.

So wie sich die Güte des Geschmacks über den ganzen Menschen ausbreitet: so auch die Verderbtheit desselben. Sie leuchtet auf allen Seiten aus ihm hervor. Ein Mensch von einem elenden Geschmacke ist schlecht, in seiner Denkungsart, er handelt schlecht, seine Gebärden und ganze Aufführung ist bauerhaft. Sein Herz ist zu keinen Empfindungen aufgelegt. Er ist gegen alles gleichgültig. Er kann ganze Stunden von nichtswürdigen Kleinigkeiten oder wohl gar von Sachen reden, die allen Wohlstand beleidigen. Und will er sich an höhere und edlere Sachen wagen: so kömmt es poßierlich und läppisch heraus.

Wie weit ist also ein solcher entfernt von dem schönsten und himmlischen Gefechte der Tugend und edler Handlungen, und wie groß ist also die Verwandschaft zwischen Tugend und Geschmack! Wie wichtig die Bildung desselben.

Eine Bekanntschaft mit den Musen, sagt Richardson, bey Erziehung der Jugend, trägt nicht ein geringes bey, die Sitten sanfter zu machen. Es giebt der Einbildungskraft eine delikate Wendung und der Seele in ernsthafteren Studien eine Art von Polirung.

* * *

Das zweyte Kapitel.

Die Mittel zur Bildung des Geschmacks.

Den Geschmack bilden ist also nach vorausgesetzten Regeln nichts anders, als ihn zur richtigen und vollkommenen Erkenntniß und Beurtheilung der Schönheit und Häßlichkeit überhaupt erheben. So viele Arten von Vollkommenheiten des Geschmacks es nun giebt: so viele Klassen von Regeln lassen sich aus denselben zu seiner Vervollkommung bestimmen; Regeln zur Richtigkeit, zur Ausdehnung, zur Stärke und zur Verfeinerung desselben; jedoch, dies überlasse ich dem Lehrer selbst, von dem ich schon so viele Kenntniß und kluge Geschicklichkeit voraussetze, und billig voraussetzen muß.

Ich bemerke hier nur überhaupt: daß die Bildung des Geschmacks theils durch praktische Mittel geschehen könne.

Der erste Abschnitt.

Von theoretischen Mitteln.

Es gehört überhaupt mehr zur Bildung des Geschmacks, als man sich gemeiniglich vorstellet.

Ein Jüngling bey dem dieselbe glücklich geschehen soll, muß durch gewisse allgemeine Begriffe, die in die Metaphysik gehören und die ewigen Grundsätze, die daraus

aus folgen, vorbereitet werden, besonders durch die Begriffe von Vollkommenheit, Unvollkommenheit, Ordnung, Unordnung, Wahrheit, Einheit, Verhältniß und Ebenmaaß ꝛc.

Er muß sich schon zur Aufmerksamkeit auf die Natur, auf jeden ihrer Auftritte ihre Wirkungen und Abänderungen gewöhnet; er muß auch besonders die Natur der menschlichen Seele studiret haben.

Ich will nicht damit sagen, als wenn er eine weitausgebreitete Erfahrung und eine tiefsinnige Erkenntniß der Physik und ihrer Geheimnisse nöthig hätte, um Geschmack zu haben. Nein! er muß aber doch wenigstens, daß ich so rede, eine genaue optische Erkenntniß der Natur und ihrer Erscheinungen haben, und wenn er jene besitzt, kann er sie auch zur Vervollkommung und besonders zur Verfeinerung seines Geschmacks gebrauchen, und zur Kritik desselben ist sie oft unentbehrlich nothwendig.

Ich will auch nicht sagen: daß er der scharfsinnigste Psychologe bis zu den feinsten Speculationen seyn müsse; sondern, daß er ein feiner Kenner, besonders der moralischen Seite der Seele und des geheimen Triebwerks derselben seyn, und den Affect, in seiner Geburt, in seinem Wachsthum und Abnahme, in seinem Gange und Wendungen, in seinen Wirkungen und Handlungen genau beobachtet haben müsse. Diese Kenntniß des Affects ist dem besonders nothwendig, der selbst Schöpfer der Werke des Geschmacks werden will; sie ist nothwendig, um denselben zu erwecken, zu bestimmen, zu lenken, zu stärken, zu schwächen, zu stillen, zu tödten.

Die

Die theoretischen Mittel zur Bildung des Geschmacks lassen sich also eintheilen in Vorbereitungsmittel und in Mittel zur Bildung desselben selbst.

Die erstern gehören zur Bildung des Verstandes; die letztern gehören hieher und diese bestehen in allgemeinen und besondern Regeln.

Allgemeine Regeln sind solche, die aus dem Wesen und der Natur der Werke des Geschmacks überhaupt, und zwar in so fern sie solche sind, fließen: besondre sind solche, die nur aus einer besondern Art derselben sich bestimmen lassen.

Allgemeine Regeln.

Die Werke des Geschmacks sind theils Natur, theils Erdichtung.

Sie sind theils Natur, oder vielmehr Abbildung und Nachahmung der Natur.

Ein musikalisches Stück! Was ist es anders, als eine zusammengesetzte Nachahmung verschiedener Stimmen durch verhältnißmäßige und nach dem Tact abgemessene Töne, der Natur und dem Gange des Affects, welcher durch dasselbe erreget werden soll und sein höchster Endzweck ist, gemäß eingerichtet und in welchem also alles zu demselben harmoniret?

Die Verschiedenheit der Empfindung und des Affects, von welchem ein Stück durch die Zusammensetzung seiner Töne ein Abdruck ist, bestimmt also die Verschiedenheit der Arten derselben.

Ein Gemälde! Was ist es anders, als eine Abbildung eines Stücks der Natur oder der Kunst nach seiner

Natur

Natur oder das Detail einer Begebenheit, natürlich colorisirt?

Die Werke des Redners und Dichters! Was sind sie anders, als redende Abbildungen der Gegenstände der Natur oder der Moral, mit geziemenden Episoden, Umständen und passenden Gleichnissen und Beyspielen zu ihrer Ausmalung und Verschönerung durchflechten?

Was sind sie anders, als redende Gemälde?

Die Stücke des Theaters! Was sind sie? Nichts anders, als persönliche Nachahmungen von Begebenheiten und Geschichten zur Belehrung und Aufmunterung zur Tugend eingerichtet.

Die Gegenstände der Natur (ich nehme dieses Wort hier in einer etwas weitläuftigen Bedeutung) von welchen die Werke des Geschmacks Nachahmungen oder Abbildungen sind, lassen sich entweder betrachten ihrem Wesen oder ihrer Größe nach.

1) Ihrem Wesen nach sind sie entweder körperliche, oder historische, oder idealische Sachen; So viele Arten von Gegenständen: so viele Klassen der Abbildung oder Nachahmung, und bey jeder derselben lassen sich gewisse Regeln geben, die in der Natur derselben gegründet sind.

1) Körperliche Gegenstände, als wenn der Dichter schöne Gefilde, oder den gestirnten Himmel oder die holden Reize seiner Schöne besingt; der Maler eine Landgegend und der Bildhauer einen Held des Alterthums darstellt.

2) Historische. Wenn der Maler eine ganze Begebenheit in allen ihren Auftritten in das Licht der Farben setzt, nnd der Dichter die Geschichte eines Helden singt.

3) Idea-

3) Idealische Gegenstände sind solche, die außer dem Kraise der Sinnlichkeit, außer dem Gebiete der körperlichen Welt gelegen, die nur, daß ich so rede, dem Verstande sichtbar sind, als Gott, seine Eigenschaften, die Tugend ꝛc.

Diese Gegenstände sind eigentlich ihrem Wesen nach über den Horizon des Geschmacks, der Dichtkunst und Malerey erhaben, und können also eigentlich nicht nach derselben; sondern so, wie sie uns in ihren Wirkungen sichtbar werden, vorgestellet werden.

Der Dichter also, wenn er die Gottheit singt, singt uns dieselbe in ihren großen und herrlichen Thaten. Der Maler stellt sie uns, so viel es die Unvollkommenheit und Einschränkung dieser Figur leidet, hieroglyphisch vor, und beyde, wenn sie uns die Tugend abbilden wollen, lassen sie in Personen, in gewisse Situationen versetzt, handeln.

Aus diesem Grundsatze, daß die Werke des Geschmacks theils Abbildung und Nachahmung der Natur sind, fließen nun die Haupteigenschaften dieser Werke, und man kann also denselben zu einem Theil der Grundlage annehmen, worauf man den Unterricht vom Geschmack zur Bildung desselben bauet.

Ich will meine schwachen Versuche fortsetzen.

Aus diesem Grundsatze fließet nämlich.

1) Daß die Naivetät bey den Werken des Geschmacks die höchste ihrer Eigenschaften sey. Je näher also ein solches Werk dem großen Original der Natur kommt, desto vollkommener, desto schöner ist es.

Diese Naivetät kann nun in körperlichen, historischen und idealischen Sachen statt finden: sie kann und muß herr-

schen

schen in Gemälden, in Gedichten, in Reden rc. So ist das Bild eines Traurigen natürlich, wenn seine ganze Miene finster ist, wenn seine Augen Gram und Kummer sprechen, wenn alle seine Handlungen Sorgen und Bekümmerniß verrathen. So ist das Bild eines Freudigen natürlich, wenn seine Stirne heiter ist, seine Augen Zufriedenheit lachen, wenn er mit Munterkeit und aufgewecktem Wesen handelt.

So ist das Bild eines Zornigen natürlich, wenn sein ganzes Gesicht sich verstellt, wenn seine Augen wild funkeln, seine Gebärden drohend sind, sein Fuß auf die Erde stampft, und alles, was sich ihm entgegensetzt, zu Boden tritt, wenn alles an ihm Wuth und Raserey ist, und schreckliche Scenen verkündigt.

Eben so ist eine Rede und ein Gedicht natürlich, wenn es getreu abbildend, wie ein Gemälde ist: denn, was ist für ein Unterschied zwischen dem Redner und dem Dichter auf der einen und dem Maler auf der andern Seite, als, daß jener mit Worten und dieser mit dem Pinsel malet?

Dem Natürlichen ist das Unnatürliche, das Gezwungene und Gekünstelte entgegen gesetzt.

2) Aus der Naivetät folget die Lebhaftigkeit oder das Leben.

Ist eine Sache nach allen ihren Zügen, auch den geringsten treu abgedruckt; ist eine Geschichte nach allen ihren Umständen richtig abgebildet, entwickeln sich die untereinander geschlungenen Umstände zu neuen Auftritten natürlich: handeln die Personen derselben Absicht, Leidenschaft und ihrem Charakter gemäß: weis der Dichter

und

und Redner in Zeichnung der Umstände, in Abschilderung der Charaktere und in der Verbreitung des Lichtes und Schattens ein kluger Maler zu seyn; so kann man sagen, daß in ihren Werken Leben sey.

Hier giebt es nun wieder gewisse Fehler; auf der einen Seite die Armuth, auf der andern die unnütze Verschwendung.

3) Wo nun Natur und Leben ist; wo diese beyden Eigenschaften in ihrer Vollkommenheit sind, da entsteht die angenehme Täuschung, (Illusion, die) das größte Kunststück der Werke des Geschmacks ist; eine Täuschung, nach welcher wir das Abg bildete zu sehen, zu empfinden glauben, weil Copie ihrem Original so nahe kommt, daß wir sie nicht zu unterscheiden wissen, daß wir sie verwechseln.

Hieraus folgen nun folgende Regeln für einen Lehrer:

a) Er muß seinen Jüngling mit der Natur selbst bekannt machen. Je vollkommener diese Kenntniß der Natur ist: desto vollkommener ist auch unser Geschmack selbst; desto richtiger unser Urtheil über die Werke desselben. Ein Thomson war ein großer Kenner der Natur, er hatte sie in ihrer verborgenen Werkstätte belauscht, die geheimen Triebfedern ihrer Wirkungen ausgespähet, er war ihr bis auf die verborgensten Spuren nachgegangen; darum weis er sie in seinen Jahreszeiten so vollkommen und lebendig zu schildern.

b) muß man sie zur Beobachtung der Harmonie der Werke des Geschmacks mit der Natur und

c) zur sorgfältigen Bemerkung entgegengesetzter Fehler anführen.

II. Ihrer Größe nach lassen sich diese Gegenstände in drey Klassen eintheilen, und da der Gegenstand die Quelle der Gedanken und die Abbildung desselben seiner natürlichen Größe, seinem Range angemessen seyn muß: so giebt es auch eine dreyfache Art einer schönen Denkungsart und Abbildung.

Diese drey Arten sind die hohe und erhabene, welche auch die heroische heißt, die mittlere und niedere Art.

In die erste gehören alle Gegenstände von der höchsten Würde von der sublimesten Natur; als z. E. Gott, seine Werke, die Religion; die Epopeen ꝛc.

In diese Klasse gehören also die Gesänge eines Klopstocks, eines Miltons, eines Virgils, eines Homer . . :

Hieher gehören auch die malerischen Abbildungen der heiligen Schrift von Gott und seinen Thaten: besonders die Abbildungen der Propheten, des Psalmisten ꝛc.

In die mittlere Klasse gehören alle Gegenstände mittlerer Größe und Ranges, als die meisten moralischen Lehren, die meisten Tugenden und Begebenheiten.

In die niedere gehören alle übrige Gegenstände, die noch ihrer Natur nach nicht unter den Horizon des Geschmacks und der schönen Denkungsart erniedriget sind; als Schäfergedichte, anakreontische Sachen ꝛc.

Jeder Gegenstand muß in seiner Klasse und aus dem Gesichtspunkte seiner natürlichen Größe gedacht, geschildert, gemalt werden ꝛc.

Hier giebt es nun auf beyden Seiten wieder Fehler und Abwege. Man kann einen Gegenstand entweder zu erhaben oder zu niedrig denken (auch Bombast, Cothurn,

thurn, das erstere ist Schwulst) das andre ist die kriechende, oder wenn die Größe des Gegenstandes gar zu sehr von der Niedrigkeit des Gedanken und seiner Abbildung absticht, die poußirliche Art zu denken.

Diese Fehler entstehen also, wenn man einen Gegenstand aus seiner Klasse, dahin er nach seiner natürlichen Größe gehöret, verrücket: das Kriechende, wenn man etwas, das in der erstern Art sollte gedacht werden, in der mittlern, oder das, was in der mittlern sollte gedacht werden, in der niedern denkt: der Schwulst, wenn man etwas, das zu der niedern Art gehöret, in der mittlern, oder etwas, das zu der mittleren gehört, in der heroischen gedenkt, oder auch einen Gegenstand der letzteren so denkt, daß die Gedanken nur dem Scheine nach groß und erhaben, im Grunde aber falsch sind *).

Dum vitat humum, nubes inania captat.

sagt Horaz:

Aus dieser Theorie kann ein Lehrer leicht folgende Regeln ziehen:

1) Er muß, um seinen Jüngling zum Geschmacke zu bilden, denselben, die Gegenstände, die in den Horizon desselben gehören, nach ihrer natürlichen Größe, ihrem Range und Würde kennen lehren, um ihn dadurch

2) in den Stand zu setzen, zu beurtheilen, zu welcher Klasse er seiner Größe nach gehöret, zur heroischen, mittlern oder niedern.

3) ihn hier aus dem rechten Gesichtspunkte und aus

 sich

*) Hievon ist der dritte Abschnitt des ersten Theils der Aesthetik des Herrn Prof. Meyers nachzulesen.

sich selbst, aus seinen Eigenschaften, Verhältnissen und Wirkungen betrachten lehren;

4) muß er ihm die Abwege zu beyden Seiten und die jeder Denk- und Abbildungsart entgegengesetzten Fehler sorgfältig bemerken lehren, und dadurch wird er ihn endlich

5) wenn er ihn das fleißige und mit Reflexion verbundene Lesen der Werke des Geschmacks damit verbinden lässet, zu derjenigen Tugend, welche man die aesthetische Großmuth, die Großmuth des schönen Geistes nennet, gewöhnen, einer Tugend, nach welcher man im Stande ist, jeden Gegenstand auf eine seiner Würde proportionirte Art zu denken; eine Tugend, die aber freylich mehr das Talent der gütigen Natur, als ein Geschenk der Kunst ist.

Die Werke des Geschmacks sind theils Erdichtung.

Da, wo das Gebiet der schönen Natur aufhöret, fangen sich die Gränzen der Erdichtung an.

Hier giebt es zwey Fälle:

Oft ist ein Werk des Geschmacks ganz Erdichtung, z. E. ein Roman, ein Gemälde erdichteter Begebenheiten, eine Fabel oder eine moralische Erzählung, wie uns Marmontel und andre geliefert haben.

Oft umschlingen sich, daß ich so rede, Natur und Erdichtung; sie bieten sich die Hände, um ein desto schöneres, reicheres und vollkommneres Ganzes zu schaffen; wie ein Roman, oder ein Heldengedicht, die eine wahre Geschichte zur Grundlage haben, die aber der Verfasser mit geziemenden und an die ganze Geschichte passenden Nebenumständen und Episoden fruchtbar erweitert hat.

Ein Belisair von Marmontel und ein Telemaque von Fenelon können hier zum Beyspiel seyn.

Die

Die Erdichtung ist ein Werk, ein Geschöpf der Phantasey; aber einer von der Vernunft geleiteten Phantasey.

Hieraus folget: daß die Werke der Erdichtung der Natur nicht nur nicht sich selbst, sondern auch der Natur nicht wiedersprechen; vielmehr sich derselben, so viel als möglich, nähern müssen.

Ja hieraus folget noch mehr: daß die Erdichtung eben derjenigen Haupteigenschaften nicht nur fähig sey, sondern auch nothwendig haben müsse, welche eine vollkommene Abbildung und Nachahmung der Natur hat, nämlich Naivetät, Leben und vornehmlich Wahrscheinlichkeit und zwar bis zur Illusion.

Ueberhaupt muß ein Lehrer seinen Schüler hier auf folgende Stücke aufmerksam machen:

1) Auf die Erfindung der Materie des Gedichts. Diese ist gleichsam die erste Schöpfung; die Schöpfung des Chaos, des Stoffes, welcher entweder ganz ins Reich der Möglichkeit gehört, oder dessen Theile die Einbildungskraft aus der ganzen Natur hin und wieder rhapsodisch zusammen gelesen.

Diese Materie kann auch wieder körperlich oder historisch oder ideatisch seyn.

Bey der Erfindung kann man wieder zweyerley beobachten: ob sie mühsam und gezwungen, oder leicht, gesucht oder glücklich sey.

2) Auf die Ausbildung dieses Chaos. Die Vernunft nämlich bauet dasjenige, was die Imagination zusammen gelesen, zu ihren Zwecken und Absichten, der Natur der Sache gemäß, nach den Gesetzen der Einheit, der Ordnung und der Wahrheit aus. Sie bauet daraus nach dem zum Grunde gelegten Plane ein Ganzes.

Hier muß also ein Lehrer

a) Die Absichten des Dichters,

b) den daraus bestimmten Plan und

c) zeigen: ob und wie er den Gesetzen der Ordnung, Einheit und Wahrheit gemäß sey.

3) Auf die Erweiterung, die Ausschmückung desselben durch angenehme, geziemende und interessante Nebenumstände.

4) Muß er ihn belehren: daß und wie die ganze Erdichtung an alle Umstände und Verhältnisse, an Ort, Zeit und Personen anpassend seyn müsse und

5) wie auch die Würde und Größe des Gegenstandes der Erdichtung beobachtet werden müsse.

Besondere Regeln:

sind solche, die sich aus dem Wesen, der Natur und den Unterscheidungsstücken jeder Art der Werke des Geschmacks herleiten lassen: solche, die uns von der ihnen eigenen Einrichtung und ihren besondern Schönheiten und Häßlichkeiten urtheilen lehren. So lassen sich besondre Regeln aus der Natur der Malerey, der Musik, der Beredsamkeit und der Dichtkunst, und hier wieder besondre Regeln aus jeder Gattung von Gedichten, der epischen, der lyrischen, der anakreontischen und noch besonders der Oden, der Elegien, der Schäfergedichte bestimmen. Jedoch, dieses überlasse ich einem jeden Lehrer insbesondere, weil ich nicht Willens bin, eine Theorie der schönen Wissenschaften, noch viel weniger eine Theorie der besondern Arten derselben zu schreiben.

Ich begnüge mich damit, einen allgemeinen und also noch sehr unvollkommenen Grundriß gegeben zu haben, den Geschmack junger Leute nach Regeln zu bilden:

ein

ein Unternehmen, welches gewiß schwerer ist, als ich mir es von weiten selbst vorstellte. Eine vollkommene Anweisung hiezu ist, wie viele andre Sachen, noch ein Gegenstand heiliger Wünsche.

Riedels Theorie der schönen Künste und Wissenschaften und die Briefe zur Bildung des Geschmacks eines jungen Herrn vom Stande, sind Werke, die hier mit Nutzen gebraucht werden können, und deren Werth die Verfasser der allgemeinen deutschen Bibliothek beurtheilen, dieses im 1ten Bande 1ten Theil 8tes Stück jenes 1ten Th. 9ten Band. 29stes Stücks.

Homens Grundsätze der Critik, ist unter den größern Werken wohl unstreitig das schätzbarste.

Der zweyte Abschnitt.

Von praktischen Mitteln zur Bildung des Geschmacks.

Ausgesuchte Stücke des Geschmacks zur Beurtheilung und Reflexion vorlegen, die Meisterwerke des Dichters und Redners — unter richtigen und feinen Bemerkungen lesen, sich dadurch zu einem zarten und richtigen Gefühle der Schönheit und Häßlichkeit gewöhnen, und beyde als würdige Muster zur Nachahmung annehmen: das nenne ich den Geschmack praktisch bilden.

Ich habe also hier weiter nichts zu thun, als eine Anleitung zu geben: wie man nach Mustern den Geschmack junger Leute bilden sollte.

Ehe ich aber dieses thue, kann ich eine Anmerkung nicht unterlassen.

Ich leugne nicht, daß wir von Natur alle ein Gefühl von dem, was schön und häßlich ist, haben; denn dies lehret die Erfahrung; ob dieselbe gleich dadurch zu widersprechen scheint; daß die Urtheile der Menschen von Schönheit und Häßlichkeit so sehr verschieden, ja widersprechend sind, und ich glaube nicht Unrecht zu thun, wenn ich sage: daß diese Verschiedenheit, ausser einigen inneren natürlichen Ursachen, größtentheils in Irrthum, Vorurtheil und Erziehung gegründet sey.

Ich läugne, um mich näher zu erklären:

1) Daß dies Gefühl von Natur immer richtig sey. Ich läugne vornehmlich, daß man die Gegenstände allezeit nach ihrer Würde und Größe empfinde.

Ich behaupte: daß dies Gefühl bey dem einem viel reiner, richtiger, zarter, feiner und feuriger sey, als bey dem andern, und dem, bey dem dieses in einem reichen Maaße ist, lege ich ein Genie zum Geschmack bey.

So wie jeder eine Fähigkeit hat, den Reiz der Harmonie der Musik zu empfinden; der eine aber weit mächtiger, als der andre; der eine auch die feineste und verborgenste Harmonie empfindet, die dem Ohr des andern etwas ganz unbekanntes ist: so ist auch das Gefühl des Schönen überhaupt verschieden.

Nicht jeder hat ein musikalisches Gehör; nicht jeder ein starkes und feines Gefühl für das Schöne; nicht jeder ein Genie zum Geschmack.

Die Erfahrung lehret dieses auch in andern Fällen.

Man lese dreyen Personen eine schöne Ode, eine Ode voller Empfindung und Enthusiasme vor. Der eine wird bey derselben weit mehr empfinden, als der andre. Den einen wird sie begeistern, den andern mäßig rühren, den dritten ziemlich bey kaltem Blute lassen.

3) Ich behaupte: daß auch in dem Gefühle selbst seiner Art nach ein Unterschied sey; indem der eine mehr geneigt ist, das Schöne als das Erhabene und umgekehrt zu empfinden.

Der

Der eine fühlet mehr bey einem anacreontischen Gedicht, als bey der Ode; mehr bey einer angenehmen Romanze, als bey einem Heldengedicht.

Des Herrn Kants Abhandlung über das Gefühl des Schönen und Erhabenen ist hierüber sehr lesenswürdig. Mit diesem Verfasser behaupte ich auch:

4) Daß bey der Art des Gefühls vieles auf Ideen und Erziehung ankomme: daß, um in seinen Worten zu reden, viele Erscheinungen der Gefühle von Talenten und Einsicht abhangen.

5) Glaube ich nun, daß ein solches Gefühl, es sey auch so schwach wie es wolle, doch zu einer gewissen Stärke durch Regeln, Einsicht und Muster gebildet werden könne.

Es wird aber doch noch allezeit ein großer Unterschied bleiben, das Schöne und Feine eines Werkes des Geschmacks zu beurtheilen, zu empfinden, und selbst ein Schöpfer eines solchen Werks zu seyn, eine vollkommene Geschicklichkeit zu besitzen. Zu dem letzten gehöret ein Genie des Geschmacks, und ich läugne also nicht: daß ein Dichter, ein Musikus und ein Redner, daß, mit einem Worte, der schöne Geist mehr gebohren werden müsse, als durch Kunst gebildet werden könne.

Ich gehe aber nun zur Sache selbst fort, und gebe nur in vier Regeln eine Anweisung, sich nach Mustern zu bilden.

1) Muß man die allgemeine Theorie der Werke des Geschmacks auf die besondern Werke, die man zur Bildung erwählet, anwenden, um die Vollkommenheit und Unvollkommenheit derselben zu beurtheilen. Hier finden sich also folgende Fragen:

Ist das Stück Natur oder Erdichtung, oder beydes zusammen?

Ist es ein getreuer und glücklicher Abstand der Natur?

Herrscht die Natur auch durch und durch in der Erdichtung?

Ist die Erfindung des Stoffs der Erdichtung glücklich oder gesucht? Ist sie naiv, und dennoch neu und unerwartet?

Welches ist die Hauptabsicht und der Brennpunkt des Stücks?

Wie ist der ganze Plan? Ist er der Absicht angemessen? Lauft alles in dem Brennpunkte zusammen?

Passet der Plan an alle Umstände? Wie ist die Ausschmückung desselben? Herrscht Leben in demselben; Leben bis zur Teuscherey?

Hat nun das ganze Werk Einheit? Ordnung? Wahrheit? Schönheit?

Jedoch, man muß weiter gehen; man muß, um desto bestimmter den Werth eines Werks beurtheilen zu können,

2) sich vor allen Dingen einen richtigen und angemessenen-Begriff von der Gattung, worunter jedes Werk gehöret, machen, denselben nach seinen Merkmaalen entwickeln, und Grundsätze zur Beurtheilung desselben daraus herleiten.

Ich will dieses nur durch einige Beyspiele deutlich machen, und ein Schema eines epischen Gediches und der Ode so kurz, als möglich, entwerfen.

Das erstere soll ein kurzer Abriß jener Abhandlung sur le poëme epique seyn, die man dem Telemaque des Fenelon vorgesetzt findet.

Was ist ein episches Gedicht?

Es ist die poetische Vorstellung der Handlung eines

Helden,

Helden, der unter dem Beystande des Himmels ein großes Unternehmen ausführet, alle Hindernisse, die sich ihm entgegen setzen, muthig besiegt, und deren Endzweck ist, um Bewunderung und Liebe für die Tugend einzuflößen.

So bald man diese Beschreibung überdacht hat, findet man, daß es bey einem solchen Gedichte vornehmlich auf drey Stücke ankomme, auf die **Handlung, Moral** und **Poesie.**

Die Handlung ist die Hauptsache und das Mittel.

Moral ist die Hauptabsicht.

Poesie ist die Verzierung und Ausschmückung. Sie ist eben das hier, was Farbe und Colorit in dem Gemälde ist.

I. Die Handlungsaction muß folgende Eigenschaften haben. Sie muß

1) groß seyn; aber nicht zu groß zur Ausführung durch die Kräfte, auch des Tugendhaftesten, selbst unter dem Beystande Gottes und der Religion.

2) Sie muß Einheit haben.

Es können darinn viele Nebenpersonen vorkommen: aber sie müssen alle eine gerechte Beziehung auf die Hauptperson haben; viele Nebenumstände, aber die sich alle in dem Punkte des Hauptdesseins vereinigen, Proportion zu der Hauptsache und eine schickliche Stellung haben.

3) Sie muß vollkommen, (integra) seyn; sie muß ein Ganzes ausmachen. Sie muß einen natürlich sich knüpfenden Knoten vollkommen entwickeln.

Hierbey findet sich nun zu betrachten:

1) Die Ursache der Handlung, welche dem Geiste

der Person würdig, seinem Charakter angemessen, und in seinen Umständen gegründet seyn muß.

2) Der Knoten muß sich ganz natürlich durch die Beschaffenheit und Umstände der Handlung und der Unternehmung des Helden selbst knüpfen.

3) Die Entwickelung des Knotens muß eben so natürlich seyn, als die Knüpfung desselben.

In dem Gedichte können viele Nebenknoten seyn, die aber alle mit ihren Episoden Beziehung auf den Hauptknoten haben müssen.

4) Die Action muß wunderbar, und ihre Wendungen unerwartet, aber doch den Gesetzen der Natur und Wahrscheinlichkeit nicht zuwider seyn. Die Begebenheiten müssen einen Lauf haben, den man nicht voraussehen kann, und doch so geleitet werden, daß man am Ende bekennen muß: Es gieng alles natürlich zu. Es konnte nicht anders erfolgen.

5) Sie muß eine nicht zu kurze Dauer haben, aber auch nicht zu gedehnt seyn. Hier unterscheidet sie sich von der Tragödie, mit deren Handlung sie viele Aehnlichkeit hat, aber die bey weitem nicht so lang ist.

II. Die Moral. Die Tugend kann hier gelehret werden

1) durch Exempel und Sitten. Die ganze Handlung des Helden muß eine Lehre zur Tugend, und in allen Absichten nachahmungswürdig, ob gleich nicht von aller Anwandlung menschlicher Schwachheiten frey seyn.

2) Durch Lehren und moralischen Unterricht, welcher

a. erhaben in seinen Grundsätzen,

b. edel in Bewegungsgründen,

c. allgemein in Absicht der Anwendung seyn muß.

III. Die

III. Die Poesie.

1) Die Sprache muß nicht ungleich, sondern harmonisch seyn.

2) Die Gemälde vortrefflich, die Bilder würdig und nicht übertrieben, und

3) sie selbst auf Wahrheit und Philosophie gegründet seyn.

Dies ist nun eine Theorie eines epischen Gedichts, deren Anwendung man nun auf eine Odyssee, eine Aeneide, einen Telemaque und eine Meßlade machen kann.

In der Odyssee führet Homer einen eben so tapfern als mächtigen König auf, welcher auf seiner Zurückkunft von einem fremden Kriege durch Sturm und Ungewitter in verschiedene Länder geworfen wird, deren Sitten, Gesetze und Politik er kennen lernt, der aus Liebe zu seinem Volke und seiner Familie die größten Hindernisse übersteigt, alle Vergnügen verachtet, und dem selbst die angebotene Unsterblichkeit nichts gilt.

Die Action im Telemaque kommt in der Hauptsache mit dieser überein, nur daß Telemaque als junger Mensch seinen Vater sucht rc.

In der Aeneide finden wir einen frommen und mächtigen Held, der von den Göttern zur Erhaltung der Religion und zur Aufrichtung eines großen Reichs bestimmt, den Ruinen eines mächtigen Reichs entgieng, lange mit dem Reste der Seinigen unter vielen Gefahren herumirret, die Pflichten eines Königes, Gesetzgebers und Priesters erlernet, und der endlich nach glücklicher Ueberwindung aller Feinde ein Reich gründete, welches nachher die Beherrscherinn aller Völker wurde.

Die Action in diesen drey Gedichten ist also groß

erhaben

erhaben, würdig, und in allem heldenmäßig. Und wie göttlich groß ist dieselbe in der Meßiade.

Ein Gottmensch, der es unternimmt, die gefallenen Menschen zu erlösen, als Held die unüberwindlichsten Schwierigkeiten, unaussprechliche Leiden, selbst die Macht der Hölle und des Teufels besiegt, und endlich im herrlichsten Triumphe gen Himmel fährt . . . ꝛc.

Diese Actionen haben Einheit und Vollkommenheit, denn alle Umstände und Begebenheiten der Gedichte laufen in der Hauptperson und ihrer Unternehmung, wie die Radien eines Zirkels im Mittelpunkte zusammen.

Unvermerkt knüpfet sich bey jedem ein Knote, den der Held zuvor auflösen muß, ehe er seine Absicht erreichen kann ꝛc. . . . jedoch, ich will mich hier nicht in eine weitläuftige Anwendung dieser vorgesetzten Theorie einlassen, die ohnedem schon jeder Lehrer von selbst wird machen können.

Ich will nur hier noch einen Leitfaden zur Beurtheilung und Reflexionen über die Ode, meinem Versprechen gemäß, liefern.

Was ist die Ode?

Eine Ode ist ein Gedicht, darinn durchgängig eine einzige Hauptempfindung oder Leidenschaft über einen Gegenstand bis zum Schwung und Enthusiasmo herrscht.

Aus diesem Begriff lassen sich die vornehmsten Eigenschaften derselben herleiten:

1) Der Gegenstand der Ode muß also eine seines Affects würdige Größe haben. Er muß groß genug seyn, um den Geist in Schwung und Enthusiasme zu setzen.

Ist dieses nicht: so fehlt alle Wahrscheinlichkeit: so siehet man das Erzwungene, die Kunst und Verstellung:

so

so klingt der Gesang des Dichters wohl gar poßierlich und lächerlich.

2) Auf den Hauptgedanken und Affect müssen also alle Nebengedanken und Empfindungen mit einlaufen. Sie müssen sich ohngefähr verhalten, wie in dem Heldengedicht die Episoden zur Epopee.

3) Die Züge und Wendungen der Ode richten sich also nach dem unregelmäßigen und schwärmenden Gange des Affects.

4) Hier herrscht demnach keine Ordnung der Gedanken, keine und um so viel weniger kunstvolle Ausbildung der Begriffe: sondern eine schöne Unordnung, eine reizende und bezaubernde Verwirrung.

5) Die Ode muß also kurz seyn, weil ein stark aufgebrachter Affect nicht lange anhalten kann, oder

6) er wird so stark, daß er plötzlich abbricht, weil er nicht mehr reden kann.

7) Der Geist der Ode kann sich nicht lange von seinem Object entfernen: nein! er kehret nach einiger Entfernung mit desto größerem Eifer und Heftigkeit zurück.

8) Man sieht nun hieraus leicht, worinn sich die Ode von andern Gedichten, besonders ihren Verwandtinnen, der Elegie und dem Schäfergedichte, unterscheidet. Ihr Object ist größer. Ihre Wendungen plötzlich und wunderbar. Ihre Sprache ist schwer und nachdruckvoll.

Nach dieser Anleitung wird ein jeder leicht die Einrichtung der Ode kennen, ihre Schönheit und Häßlichkeit beurtheilen, und überhaupt ihren Werth bestimmen können.

Die dritte Regel, die ich geben kann, um den Geschmack nach Mustern zu bilden, ist diese:

Man muß den guten Mustern immer schlechte Stücke

parallel setzen, und eins mit dem andern vergleichen. Opposita iuxta se posita magis elucescunt.

Richtet man so ein Auge auf das Muster, und das andre auf sein Gegentheil: so wird man hier das Natürliche und Unnatürliche, das Wunderbare und Gemeine, das Große und Kleine, das Erhabene und Niedrige, das Feurige und Frostige, das Hinreißende und Fieberhafte und Schleppende, Reichthum und Armuth, das Lebendige und Todte, das Fruchtbare und Trockne, das Müßige oder zum Zweck dienende in abstechenden Contrast stellen, und bey Fortsetzung eines fleißigen Lesers guter Muster sich nach und nach zu einem entscheidenden Gefühl des Schönen und Häßlichen gewöhnen.

Die vierte Regel. Es ist nicht einerley, in welcher Ordnung man die Muster lieset. Man muß hier jene Eintheilung nach der Würde und Größe der Gegenstände in drey Classen beobachten, und von der untersten zur obersten heraufgehen.

Dies ist natürlich, und so sollte man in allen Sachen gehen. Die Erfahrung lehret auch die Verwerflichkeit des Gegentheils.

Junge Leute, die man zuerst mit den Schriften eines Klopstocks, eines Youngs und Miltons bekannt gemacht, fallen gemeiniglich auf den lächerlichen Fehler, alles in dieser Sprache reden zu wollen; ja, sie sind wohl gar thöricht genug, alles als elend, matt und geschmacklos zu verwerfen, was nicht in diesem erhabenen Tone gesungen ist.

www.ingramcontent.com/pod-product-compliance
Lightning Source LLC
Chambersburg PA
CBHW021529210326
41599CB00012B/1428

* 9 7 8 3 7 4 3 4 4 8 3 6 0 *